PRAXIS UND ERFOLG BAND 8

W0058746

Nils Borstnar, Karen Bestmann

PRÄSENTATION UND SELBSTMARKETING

SICHER UND WIRKUNGSVOLL AUFTRETEN

Ludwig

Die Reihe PRAXIS + ERFOLG wird herausgegeben von Dr. Nils Borstnar.

Bibliografische Information Der Deutschen Bibliothek
Die Deutsche Bibliothek verzeichnet diese Publikation in der
Deutschen Nationalbibliografie; detaillierte bibliografische
Daten sind im Internet über http://dnb.ddb.de abrufbar.

© 2013 by Verlag Ludwig
Holtenauer Straße 141
24118 Kiel
Tel.: 0431-85464
Fax: 0431-8058305
www.verlag-ludwig.de
info@verlag-ludwig.de

Gestaltung: Hauke Heyen

Gedruckt auf säurefreiem und alterungsbeständigem Papier
Printed in Germany
ISBN 978-3-86935-041-7

VORWORT

Ein weiteres Buch zum Thema Präsentation?

Diese Frage haben wir uns auch gestellt, bevor wir zu schreiben begonnen haben. So setzten wir uns mit unserer Motivation und unserer Zielsetzung intensiv auseinander. In unseren Seminaren und Coachings empfehlen wir gerne zum Thema passende Bücher. Die Auswahl ist groß und die Entscheidung nicht immer leicht, welches Buch inhaltlich unsere Teilnehmer im Anschluss unserer gemeinsamen Arbeit am meisten unterstützen könnte. So wuchs über Jahre hinweg in uns der Wunsch, ein eigenes Buch zu dem Thema Präsentation anbieten zu können. Jedoch dieses mit dem Anliegen verbunden, unseren Lesern zu vermitteln, dass Präsentationen grundsätzlich von der Art und Weise des Vortragenden getragen werden.

Um so praxisnah zu sein, wie ein Buch es in seiner Schriftform überhaupt sein kann, haben wir uns entschieden, den Titel des Buches von einem unserer Seminartitel zu übernehmen. Es liegt uns am Herzen, dass Sie mit diesem Buch einen hilfreichen Ratgeber und einen Motivator zur Selbstreflexion und zum Selbstcoaching in den Händen halten.

Ein Buch zu lesen, kann ein persönliches Coaching oder Training nicht ersetzen, aber wir sind davon überzeugt, dass Sie bei der Betrachtung der vorliegenden Themen das eine oder andere erkennen, ausprobieren und in Ihrem Sinne verändern können.

Wir wissen alle, dass erst dann ein persönlicher Nutzen entstehen kann, wenn wir uns einlassen und Lust haben an uns zu arbeiten, mit dem Ziel, uns kontinuierlich weiter zu entwickeln. Wir sind der Auffassung, dass nichts richtig oder falsch im eigentlichen Sinne ist. Wichtig ist zu erkennen, dass alles, was wir tun, sagen oder nicht sagen, eine Wirkung erzielt. Jeder entscheidet letztlich selbst, ob er diese Wirkung akzeptiert oder ob er sie verändern will. Und dabei sind es oft die kleinen Dinge, auf die es ankommt. Es geht uns in diesem Zusammenhang nicht darum, die Persönlichkeit eines Menschen zu verändern, um anschließend eine Präsentation als erfolgreich bewerten zu können. Erfahrungsgemäß gibt es viele Faktoren für den Erfolg einer Präsentation, und die gilt es sowohl zu kennen als auch zu beachten.

Präsentationen sind aus unserem Leben nicht mehr wegzudenken. In unterschiedlichen Situationen – in unterschiedlichen Rollen und mit vielfältiger Zielsetzung – wird tagaus und tagein präsentiert. Es ist eine Art von Routine geworden, die jedoch bei manchen Referenten trotz allem Lampenfieber oder sogar Versagensängste hervorrufen könnte. Denn oft sind mit der Darbietung Erwartungen verknüpft, von denen wir glauben, ihnen nicht gerecht werden zu können – welche Gedanken und Zweifel dafür auch immer zugrunde liegen mögen.

Wir wollen in unserem Buch die Themen Präsentation und das damit verbundene Selbstmarketing beleuchten und Ihnen aus unserer langjährigen Praxiserfahrung Denkanstöße und Anregungen geben.

Es lohnt sich, Präsentation einmal wörtlich zu nehmen. Lässt man bei dem Wort Präsentieren die Endsilbe weg, so wird daraus *Präsent* – ein Geschenk! Oder klein geschrieben *präsent* – hier sein oder *Präsens* – die Gegenwartsform der deutschen Grammatik. Verbinden wir nun gedanklich alles miteinander, schenken wir in einer Präsentation den Zuhörern jetzt und hier mit ganzer Kraft und Aufmerksamkeit unsere für sie vorbereiteten Inhalte.

Das Wort »Selbstmarketing« hingegen ist bei vielen Menschen eher negativ behaftet. Im Austausch mit unseren Teilnehmern sind in diesem Zusammenhang Gedanken formuliert worden wie beispielsweise: »Geht es denn darum, sich nur gut zu verkaufen, auch wenn wenig Inhalt dahinter steckt?«

Marketing und Werbung haben ein schönes Bild genutzt, um sich selbst zu erklären: Ein Mann und eine Frau sitzen in einem absolut dunklen Raum. Der Mann blinzelt der Frau zu... Marketing/ Werbung ist, »das Licht anzuschalten«!

Und genauso sehen wir es auch im Sinne der Präsentationen. Lernen Sie, das sichtbar werden zu lassen, was in Ihnen steckt, und erwägen Sie den Gedanken, es zu mögen, dass andere Menschen es auch sehen und erkennen können.

Um in dem Bild zu bleiben: Uns ist bewusst, dass nicht jedes Licht jedem Menschen gefällt – der eine mag lieber Kerzenschein, der andere das Licht von Halogenlampen, ein anderer wiederum mag absolut kein Neonlicht. Wie es auch sei, dieses Buch möge für Sie ein weiterer Schalter für eine Lichtquelle sein. Und wir wünschen uns, dass Sie die für Sie passende Lichtquelle anschalten, um weder im Dunkeln zu stehen noch im »falschen« Licht zu erscheinen, sondern mit der für Sie passenden Ausstrahlung, Präsenz und der entsprechenden Struktur Ihre Zuhörer erfolgreich zu erhellen.

Karen Bestmann & Nils Borstnar
Hamburg und Kiel im Frühjahr 2013

INHALT

EINLEITUNG
ÜBER DIE KUNST, SICH SELBST UND INHALTE
SICHER ZU PRÄSENTIEREN

>»Der beste Weg zu einem ehrenwerten Leben besteht darin,
>das zu sein, was wir vorgeben zu sein.«
>Sokrates, 5. Jhd. v. Chr.

>»Der Weg zum Tun ist das Sein.«
>Lao Tse, 6. Jhd. v. Chr.

Wir leben in einer Zeit der Präsentationen und der Darstellung: Kaum eine Woche im eigenen Unternehmen, die ohne eine Präsentation, ohne einen Vortrag oder ein Meeting verläuft. Präsentationen sind Bestandteil von Assessment-Centern und Potenzialveranstaltungen, von Bewerbungs- wie auch Beförderungsszenarien. Wir beurteilen Führungskräfte wie Mitarbeiter nach ihrer Kompetenz zur Performance, und uns allen wurde bereits im Verlaufe unserer beruflichen und organisationsbezogenen Sozialisation die Wichtigkeit nahe gebracht, uns selbst mit allen unseren Vorzügen darzustellen und irgendwie »positiv« aufzufallen.

Und dann die Medienlandschaft: Wird nicht in ihr die Kunst der Selbstinszenierung oftmals in hohem Ausmaße gefeiert, erhalten nicht Akteure dort eine Bühne, die nichts außer ihrer eigenen Darstellung anbieten können und ihr Auftritt letztlich dann zum reinen Selbstzweck wird? So gibt es nicht nur eine Inflation an Casting-Shows, sondern gleichzeitig mit ihr eine Inflation an Shows, die wiederum das »Making-of« jener Casting-Shows thematisieren und theatralisieren. Von den Selbstinszenierungen im Internet ganz zu schweigen, bei denen Fiktion und Realität ineinander übergehen und die Grenze zwischen »Selbst« und »Inszenierung« immer unschärfer wird.

Bereits in den sechziger Jahren des zwanzigsten Jahrhunderts formulierte der weitsichtige Medienphilosoph Marshall McLuhan (neben vielen anderen interessanten Theorien) die Losung, »*the medium is the message*«, das Medium ist die Botschaft, und beschrieb damit genau jenen Sachverhalt, dass den Medien in zunehmendem Maße die Inhalte verloren gehen und einzig und allein übrig bleibt, sich selbst, also die Form, statt irgendwelcher Inhalte zu thematisieren. Und es war eben jener Medienphilosoph, der seine eigene Losung zu »*the medium is the massage*« noch einmal erweiterte, wobei an dieser Stelle natürlich gerade nicht die körperliche Auflockerungsmassage gemeint ist, sondern eigentlich genau das Gegenteil, nämlich die (Dauer-) Massage des Bewusstseins, die zu dessen Trübung führt und dadurch die eigene Kritikfähigkeit weitgehend einbüßt. Das hat natürlich in unseren Zeiten einer allseitigen Medienpräsenz eine besondere Brisanz und Bedeutungsfülle. Während noch in den achtziger Jahren des letzten Jahrhunderts viele Menschen für den Datenschutz demonstrierten, ist heute ein völlig sorgenfreier und bedenkenloser Umgang mit persönlichsten Daten allgegenwärtig.

Die Omnipräsenz von Darstellungsweisen und -notwendigkeiten in unserer Kultur wirft die wohlvertraute Frage nach Sein und Schein noch einmal wieder auf: Während der Psychoanalytiker Erich Fromm in den siebziger Jahren des zwanzigsten Jahrhunderts die beiden grundlegenden Orientierungen unserer Wirtschaftsordnung in »Haben oder Sein« (1976) bezeichnet sah (verbunden mit der Aufforderung, dem Sein mehr Respekt zu zollen und die reine Habenorientierung als problematisch zu verstehen), so hat sich möglicherweise neben aller gesteigerten Aktualität dieser Orientierungen in Zeiten der medialen potenzierten Darstellung die Dichotomie von »Schein und Sein« als noch einflussreicher erwiesen. Ist es doch gerade der (schöne) Schein, der heute über das »Haben« von Individuen wie Organisationen oder Staaten entscheidet. »Ich scheine, also bin ich«, könnte man den verkürzten und berühmten Satz von René Descartes persiflieren, und die Rede von den medialen, fluiden und multiplen Identitäten im Netz und wie auch von

der Vielfalt der Möglichkeiten scheint diese Abhängigkeit zu bestätigen.

Wissend, dass der Druck zu einer gelungenen Darstellung spe-
ziell für Führungskräfte zunehmend größer geworden ist, schweb-
te uns als Autorenduo »ein Ratgeber mit Authentizitätsanspruch«,
jenseits aller Patentrezepte und Aufforderungen zur Verstellung
mit Wirkungskalkül, von Anfang an für unser Buch vor. In unseren
Veranstaltungen werden wir als Trainer und Coaches auch nach
Patentrezepten gefragt: »Wie halte ich Präsentationen, die meine
Zuhörer überzeugen?« und »Wie vermittle ich einen kompetenten
sowie souveränen persönlichen Eindruck?« Und da ist die Antwort
des chinesischen Weisheitslehrers Lao Tse so aktuell wie im antiken
China: »*Der Weg zum Tun geht über das Sein.*« Was heißt das dann
jedoch im Führungsalltag des 21. Jahrhunderts? Und was heißt das
vor allem im globalen Marktgeschehen, in dem die östliche Phi-
losophie der Bewahrung der Form mehr Respekt zollt als der Er-
haltung des historischen Materials? Nicht der Inhalt oder die Substanz, sondern die Form bestimmt also möglicherweise aktuell im
globalen Markt den Erfolg.

Wir halten es für erfolgsrelevant wie auch erfolgskritisch für
Führungskräfte von heute, sich vor den Fragen zur *Wirkung* mit
Fragen des eigenen *Seins* zu befassen, oder, anders ausgedrückt, vor
die Frage der Darstellung stets die Reflexion der Intention zu stellen. Unserer Auffassung nach ist ausschließlich derjenige überzeugend und souverän, der sich an der eigenen wie an der fremden
Wahrhaftigkeit orientiert, und zwar völlig unabhängig von jedwe-
dem »Verstellen«, »Scheinen« oder gar »Fingieren«.

Und genau in diese Richtung verstehen wir auch den Satz des
Philosophen Sokrates: Erfolgreich (im Sinne einer gelungenen Lebensführung) ist derjenige, der Schein und Sein in Übereinstimmung bringt, oder in moderner psychologischer Ausdrucksweise: kongruent in seinem Unternehmen als Führungskraft agieren
kann. Und Kongruenz, dieses feinstoffliche Gebilde einer »gefühlten« Übereinstimmung von innen und außen, von Gesagtem und
sichtbarem Handeln, erzeugt einen souveränen Eindruck und ver-

mittelt Kompetenz. Das gilt, wenn schon für die gesamte Lebensführung, so doch sicherlich auch für den heute wichtigen Teilbereich des Präsentierens.

So wollten wir einen »Ratgeber« schreiben, ohne Ratgeber zu sein: Im Bewusstsein, dass Anleitungen und Tipps gewünscht werden, die schnell und pragmatisch umsetzbar sind, wollten wir uns zusätzlich der schwierigen Frage stellen, wie genau eine souveräne Wirkung entsteht, und zwar eine, die ganz individuell zu den verschiedenen Persönlichkeiten passt. Möglicherweise gibt es dabei universelle Erfolgsfaktoren, gleichberechtigt neben ganz individuellen und subjektiven Stilen.

Neben Pragmatik und Selbstdefinition tritt so die Dualität von Theorie und Praxis. Denn dieses Paradox kennen wir alle: Je besser man vorbereitet ist, desto weniger ist man auf die Vorbereitungen notwendigerweise angewiesen, sondern man wird innerlich frei und flexibel.

Auch in unserer täglichen Arbeit repräsentieren wir als Trainer und Coaches, beide in unterschiedlichem Mischungsverhältnis, diese Aspekte: Pragmatisch und theoriefundiert, lösungsorientiert und wirkungsbezogen, selbstreflektiert und handlungsbezogen, prozess- und zielorientiert. So wenig wie Sokrates begreifen wir diese Aspekte als Gegensätze. Vielmehr ist es mittlerweile etabliertes »systemisches« Denken, dass die Frage nach Ursache und Wirkung manchmal weniger entscheidend ist. So kann es sein, dass eine kompetent und souverän *wirkende* Führungskraft auf dem besten Weg ist, auch eine zu *werden*. Und damit hätten wir dann Sokrates und Lao Tse in ein dialektisches Verhältnis gestellt.

SCHLAGEN SIE IHR ZELT AUF
EIN BILD FÜR IHRE PRÄSENTATION UND IHR
SELBSTMARKETING

Und wo sind nur wieder die Heringe?

Sternennächte unter einem freien und wolkenlosen Himmel laden uns zum Träumen ein: Wo möchte ich einmal wohnen, wohin möchte ich einmal reisen, wie möchte ich einmal sein in der Zukunft? Oft sind Träume der Ausgangspunkt von konkreten Zielentwürfen und Entwicklungen und nehmen langsam und kontinuierlich Gestalt an, während wir noch mit den Bildern beschäftigt sind. Und auch Präsentationen beschäftigen sich mit einem Entwurf, mit der Entfaltung von Gedanken und Möglichkeiten für die Zukunft, mit Bildern, die in ihrer Konkretisierung langsam Gestalt annehmen. Anders als individuelle Träume benötigen unsere gedanklichen Entwürfe und Bilder in den Präsentationen jedoch ein Mehr an Halt und Klarheit, da sie andere Menschen erreichen und »mitnehmen« wollen. Und deshalb wollen wir unseren Ausführungen in den Präsentationen einen Halt geben, ein bildliches Zelt aufschlagen, um den Ausführungen einen Rahmen und eine feste Verankerung und Struktur zu bieten. Diese gibt uns nicht zuletzt die ersehnte Sicherheit, die wir uns als Menschen und Präsentierende unter einem freien Himmel wünschen.

Wie schön, wenn Bilder uns leiten und einen Rahmen bilden für das, was wir gestalten möchten. Unsere Metapher eines Zeltes ist ein solches Bild. Es erinnert uns daran, dass auch Themen »ein Dach über ihrem Kopf« benötigen, dass wir Zelte an allen Orten aufschlagen können, dass Themen einen klar definierten Rahmen brauchen und auch eine Verankerung mit Bodenhaken wich-

tig ist, die Halt geben und dabei gleichzeitig flexibel bleiben,
wie zum Beispiel die guten al-
ten Heringe, die so oft im Ra-
sen verloren gehen.

Und darüber hinaus haben
Zelte auch etwas Festliches und
Leichtes, werden häufig für Ur-
laube und Expeditionen in unbekannte Länder genutzt und sind
ein Stück Heimat zum Mitnehmen. Genau diese Qualitäten wollen
wir auf die Präsentationen von heute übertragen: Ein schützendes
Dach, Verankerung und Flexibilität sowie Festlichkeit und gutes
Aussehen, das alles können Sie für Ihre Präsentationen mit diesem
Bild des Zeltes gewinnen.

Wir leben in einer Zeit der Präsentationen

Das Thema »Präsentieren« ist heute in unserer Zeit allgegenwärtig: Im Beruf, im Studium, in der Weiterbildung und nicht zuletzt
in Bewerbungssituationen sind wir besonders gefragt, Inhalte und
gleichzeitig auch uns selbst als ganze Person zu zeigen und zu präsentieren. Eine große Zahl an Trainern, Coaches und Medienex-
perten steht uns dabei hilfreich zur Seite und vermittelt uns das
dafür nötige Know-How. Doch wie kommt es zu diesem Phäno-
men und was genau lässt sich daraus für Präsentationszusammenhänge ableiten? Äußert sich darin nicht eine allgemeine Tendenz
unserer Zeit, dass die äußere Form immer wichtiger wird und man
sich zunehmend perfekter selbst darstellen muss? Bleibt nicht gar
der Inhalt an einigen Stellen dagegen »auf der Strecke«? Und sind
wir nicht fast schon gezwungen, uns in die Zahl derer einzureihen,
die dem schönen Schein den Vorzug geben gegenüber einer wirk-
lichen Substanz? Das sind zwar alles spannende und interessante

Fragen, wir werfen in diesem Buch jedoch einen Blick auf das Thema, der stärker die Chancen und Potenziale des guten Präsentierens als mögliche Schattenseiten fokussiert.

Gute Präsentationen gefallen ihren Zuhörern, und zwar unabhängig davon, in welchem Kontext die Präsentation gehalten wird. Auch
eine Ausstellungseröffnung kann eine kleine Präsentation sein, eine
Vorlesung oder ein Vortrag zu einem gesellschaftlichen Thema.

Ansprechende Präsentationen wirken begeisternd und überzeugend. Schließlich wird die Präsentation nicht aus reinem Selbstzweck gehalten, sondern um eine bestimmte Funktion zu erfüllen.
Diese kann sehr vielfältig sein, und wir werden uns noch ausführlicher mit den unterschiedlichen Funktionen beschäftigen.

Überzeugende Präsentationen stellen eine anschauliche Verbindung her zwischen der Person des Vortragenden und dem Inhalt,
der vorgetragen wird. Und um genau diese Verbindung geht es,
wenn wir die äußere Form in den Dienst des Inhaltes und der Aussageabsicht stellen.

Möglicherweise sind Tendenzen unserer Zeit darin zu sehen, dass
Kommunikation schneller, anschaulicher und wahrnehmungsstär-
ker verlaufen muss. Nicht nur neue Kommunikationsformen, auch
die Veränderungen in unserer Arbeits- und Lebenswelt machen eine professionellere Kommunikation notwendig, mittlerweile eben
nicht nur für Unternehmen und Organisationen, sondern auch für
jeden einzelnen von uns, der seine Ziele in dieser veränderten Welt
realisieren möchte.

Wir können es auch einmal gänzlich positiv fassen: Die neue
Notwendigkeit, sich mehr in Präsentationssituationen zu begeben
und sich als Person darzustellen, ermöglicht eine vertiefte Reflexion der eigenen Ziele und Absichten und damit eine viel klarere und
einsichtigere Kommunikation. Wenn Inhalte, Aussageabsicht und
Person im Einklang sind und ihre Umgebungen beachten, sind wir
auf dem besten Wege, auch für unsere Umwelt attraktiv zu wirken
und menschlich überzeugend zu sein.

> Präsentation ist die Kunst, Inhalte anschaulich und überzeugend in einer persönlichen Darstellung zu vermitteln und die Zuhörer mit der eigenen Persönlichkeit zu bereichern und zu gewinnen.

Und wofür brauchen Sie ganz persönlich Präsentationskompetenzen? In welchen Zusammenhängen werden Sie Inhalte für andere aufbereiten und präsentieren?

Reflexionsfragen:
- Wo werde ich Präsentationen halten?
- Welche Aspekte darin sind mir besonders wichtig?
- Was genau möchte ich mit meinen Präsentationen erreichen?
- Freue ich mich bereits darauf, zu präsentieren? Was bräuchte ich, um den Situationen mit viel positiver Stimmung entgegen zu gehen?

Ein weiterer wichtiger Begriff in unserem Zusammenhang ist der Begriff des Selbstmarketings, weshalb wir ihn auch in den Titel des Buches aufgenommen haben. Dabei ist Selbstmarketing in gewisser Weise die andere Seite der Medaille, da es beim Selbstmarketing um die Präsentation der eigenen Person und der persönlichen Zielsetzungen geht. Fragt man Personalchefs und Führungskräfte, so ist die Auffassung sehr verbreitet, dass ein positives Selbstmarketing entscheidend ist für innerbetriebliche Karriere und Entwicklungschancen. So gesehen bezieht sich Selbstmarketing auf die kontinuierliche Präsentation der eigenen Persönlichkeit. Sie wirkt also kontinuierlich »on the job«, und damit unabhängig von konkreten Präsentationssituationen. Oder verdichtet formuliert: Wir präsentieren uns immer, unabhängig davon, ob wir dies eigentlich wollen oder ob uns dieses stets deutlich bewusst ist. Und offenbar nutzen viele Menschen dieses Potenzial eines für sie stimmigen Selbstmarketings nicht aus. Damit geht Selbstmarketing noch weit über die Präsentationssituation mit konkreten Inhalten hinaus. Wir stellen uns auf der Bühne des Alltags, vornehmlich im Beruf, gewissermaßen selbst kontinuierlich dar.

Diese Vorstellung vertrat bereits in den siebziger Jahren des letzten Jahrhunderts der Soziologe E. Goffmann, und mittlerweile beschäftigen sich zeitgenössische Autoren und Soziologen mit der Frage, in welchem Ausmaß und mit welchen Folgen unsere Lebenswirklichkeit eigentlich immer mehr theaterhafte und inszenatorische Züge trägt (vgl. WILLEMS UND KAUTT 2003).

Uns interessiert in diesem Zusammenhang jedoch der alltagspraktische Aspekt, wie wir uns auf die veränderten Rahmenbedingungen und Erwartungen einstellen können, und vor allem: wie wir uns in unserem Selbstmarketing positiv, wünschenswert und vorteilhaft für alle Beteiligten darstellen.

> Selbstmarketing ist die Kunst, sich selbst im Arbeitsalltag positiv und überzeugend kontinuierlich darzustellen und diese Darstellung mit persönlicher und kollektiver positiver Zielsetzung zu verbinden.

Damit wird deutlich, dass nicht nur Bewerber oder Angestellte, Führungskräfte oder Manager Selbstmarketing benötigen, sondern zudem Selbstständige, Freiberufliche und Existenzgründer, die sich selbst neu vermarkten und einen positiven Eindruck hinterlassen wollen. Vielleicht schmeckt für Sie der Begriff des Marketings zu sehr nach Marktwirtschaft und alter Überredungskunst, aber genau das wollen wir mit unserem Begriff nicht vermitteln. Ferner sind wir keine Autoren, die einer Ego-Gesellschaft das Wort reden und meinen, alles erschöpfe sich in einer überzeugenden Selbstdarstellung. Erst ein authentisches und ehrliches Selbstmarketing, das mit den passenden und gehaltvollen Inhalten verknüpft ist, wird langfristig erfolgreich sein. Aber der beste Inhalt wird verloren gehen, wenn die Person des Präsentierenden selbst nicht überzeugt oder aber von den Inhalten nicht selbst überzeugt ist. So kann man zum Beispiel Doktorarbeiten sicherlich plagiieren, jedoch wird der

Inhalt langfristig niemanden überzeugen. Der Schreibende hat sich selbst um den eigentlichen Gehalt eines Schreibprozesses gebracht, nämlich den einer inneren Reifung am Gegenstand und einer persönlichen Entwicklung auf dem Wege selbst. Nur ein ehrlicher Inhalt kann also auch ehrlich »verkauft« werden.

Präsentationen sind herausragende Momente für ein gelingendes Selbstmarketing. Daher kann man sagen, Präsentationen sind Gestaltungsmomente des persönlichen Erfolgs.

Die Bestandteile unseres Zeltes: Nun geht es los

Bevor wir Ihnen unser Bild im Überblick vorstellen, möchten wir Sie einladen, noch einmal Ihre eigenen Erfahrungen zu betrachten, die Sie mit Präsentationen gemacht haben. Sicherlich haben Sie schon einige Vorträge und Präsentationen gehört: In der Schule, in der Universität oder in Unternehmen, auf Messen oder aber in Weiterbildungen. Haben Sie sich bereits einmal überlegt, wann eine Präsentation für Sie ansprechend ist und welche Faktoren gegeben sein müssen, damit Sie Gefallen daran finden? Wir laden Sie daher an dieser Stelle ein, einmal Ihre konkreten Präsentationserfahrungen aus der Zuhörerperspektive zu betrachten und die positiven Faktoren dazu festzuhalten:

Präsentationssituation	Positive Faktoren (Was mir daran gefallen hat...)
•	• • •

Abb. 1: Erlebte positive Faktoren von Präsentationen

Ihre gesammelten Merkmale geben Ihnen zudem einen Hinweis darauf, was möglicherweise vielen Zuhörern wichtig ist und was genau eine gute Präsentation von einer eher nur durchschnittlichen unterscheidet. Einige von Ihren positiven Merkmalen werden Ihnen im Verlauf dieses Buches sicherlich als Ihre persönlichen Erfolgsfaktoren wieder begegnen.

Wie sehen nun die positiven Zelt-Qualitäten unseres Bildes aus? Zunächst einmal stellen wir das Bild im Überblick grafisch vor:

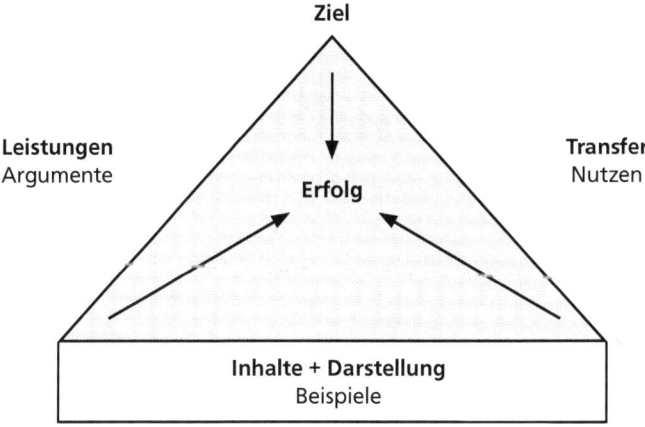

Abb. 2: Das Zelt als Bild für die wichtigen Bestandteile einer Präsentation

Der Name des ZELT-Bildes wird durch ein Akronym, ein so genanntes »Abkürzungswort«, passenderweise aus den Wörtern Ziel, Erfolg, Leistungen und Transfer gebildet und ist der übergeordnete Rahmen für jede Form der Präsentation. In diesem Bild steht der Erfolg einer Darbietung im Mittelpunkt und wird durch drei Faktoren gewährleistet. Unser Zelt hat also einen Boden, der aus den Inhalten, der Darstellung und den Beispielen besteht und die Basis darstellt. Die erste Seitenwand wird durch die Leistung der Darlegung überzeugender Argumente gebildet. Die zweite Seitenwand der Präsentation stellt sicher, dass die Inhalte der Darbietung in den Alltag der Zuhörer transferiert werden können. Das Ziel ist die Spitze des Zeltes, das als Orientierung einer Präsentation dient. Alle vier Elemente sind für das Gelingen einer Darbietung maßgeblich.

Das Entscheidende einer Präsentation im Zusammenhang mit dem Selbstmarketing, der Wirkung einer Person, ist der Erfolg. Was aber ist in unserem Zusammenhang Erfolg? Ganz allgemein können wir sagen, dass der Erfolg sich dann einstellt, wenn wir wahrgenommen, positiv bewertet und verstanden werden. Das heißt zudem, eine Botschaft zu transportieren, die für den Empfänger hilfreich oder nützlich ist. Das Zelt kann uns dabei helfen, diesen Erfolg aktiv herzustellen. Die Vorüberlegungen zur Präsentation werden wir im nächsten Kapitel zur »Auftragsklärung« noch einmal ausführlicher beleuchten. Doch betrachten wir zunächst die einzelnen Bestandteile des Zeltes:

- Die **Zieldefinition** ist der Ausgangspunkt jeder treffsicheren und stimmigen Umsetzung eines Themas. Darüber hinaus betrachten wir auch die Rahmenbedingungen, die entscheidenden Einfluss auf Gestalt und Form der Präsentation haben.
- Die Basis der Präsentation besteht aus den **Inhalten, Darstellungen** und Ausführungen, die auch Beispiele enthalten können.
- Der quantitativ größte Teil einer Präsentation beschäftigt sich mit den **Leistungen**, die sowohl die Inhalte im Einzelnen als auch beispielhafte Anwendungen umfassen. Hier geht es darum, zu klären, worin genau die Relevanz für den Zuhörenden besteht.
- Der **Transfer** am Ende jeder Präsentation ist das konkrete Nutzenversprechen und die Übertragung der Ausführungen in den zukünftigen Bereich der Handlungen und Anwendungen. Hierzu gehören auch Appelle, Empfehlungen und die Darstellung der nächsten Schritte.

Alle vier Faktoren gemeinsam machen eine Präsentation zu einem Erfolg. Präsentation (Thema) und Selbstpräsentation (Persönlichkeit) zusammengenommen sind Bestandteil eines positiven Selbstmarketings, das heute unerlässlich geworden ist, um andere Menschen zu erreichen und zu überzeugen.

Um zu unserem Bild zurückzukehren: Ein Zelt lädt uns ein, eine Rast einzulegen, Ausblicke zu genießen, Ruhe zu finden, Ideen zu entwickeln und zu weiteren und neuen Zielen aufzubrechen.

Ein Beispiel aus unserer Praxis:

In einem mittelständischen Unternehmen der Metallverarbeitung gibt es für die Führungskräfte das Führungswerkzeug der Zielvereinbarungsgespräche, die einmal im Jahr die Abteilungsleiter mit ihren Mitarbeitern führen. Dennoch fühlen sich viele Abteilungsleiter nach wie vor unsicher mit diesem Instrument und erbitten von ihrem Bereichsleiter konkrete Hilfestellung. Die übergeordnete Führungskraft hat daher die Idee, sich externen Sachverstand in Form eines Abteilungsleiters einzuladen, der an einem anderen Standort des eigenen Unternehmens bereits vielfältige Erfahrungen mit diesem Führungsinstrument in der eigenen Anwendung gemacht hat. Nun sitzen der Bereichsleiter und die externe Führungskraft zusammen und besprechen das weitere Vorgehen. Die Auftragsklärung zwischen den beiden ergibt, dass die Abteilungsleiter von den Praxiserfahrungen profitieren können und motiviert werden, dieses vorhandene Instrument zu nutzen, Ziele mit ihren Mitarbeitern zu erreichen und damit ihren eigenen Führungserfolg zu steigern. **Ziel** der Präsentation ist somit die informierte und gestärkte Abteilungsleitung, die für das Führen von Zielvereinbarungsgesprächen motiviert ist. Die Beachtung der Rahmenbedingungen berücksichtigt die zeitlichen und organisatorischen Möglichkeiten der Präsentation. Der Hauptteil der Präsentation könnte sich nun der Darstellung der **Leistungen** von Zielvereinbarungen aus der Praxis und Erfahrung heraus widmen: Wie wirken Ziele und warum? Welche Ziele motivieren wie? Was ist der Gewinn für den Einzelnen und das Unternehmen? Was passiert in der Folge noch? Der **Transferteil** zeigt Schritte zur Anwendung auf und gibt Hilfestellung bei der Umsetzung: Wann beginne ich mit den Gesprächen, was muss ich dabei beachten, wie dokumentiere ich den Verlauf, welche Gesprächsführung setze ich ein? Und schließlich könnte am Ende der Präsentation stehen, noch einmal kurz die positiven Effekte zu nennen oder mit einem Appell zu schließen.

Schauen wir uns nun die wesentlichen Komponenten noch einmal genauer an:

Die Spitze des Zeltes: Die Zieldefinition

Das Publikum und der Auftraggeber einer Präsentation hegen Erwartungen bezüglich der Inhalte, der Methode und der Vortragsweise. Diese Erwartungen gilt es im Vorwege zu klären, um Enttäuschungen, Beschwerden oder sogar Konflikte zu vermeiden. Daher ist eine gute Auftragsklärung entscheidend für den Erfolg Ihrer Präsentation. Ferner ist es wichtig zu erfahren, welche Zielsetzung genau mit Ihrer Präsentation verbunden wird. Es gibt zahlreiche Vortragende, die nur sehr ungenaue Vorstellungen über das eigentliche Ziel Ihrer Präsentation haben, mit dem Ausgang, dass die Erwartungen des Auftraggebers, der Zuhörer und des Vortragenden nicht miteinander harmonieren. Wir haben es also mit einer Vielzahl an Zielen zu tun.

Ziel des Vortragenden sollte es sein, die Ziele des Auftraggebers wie auch jene der zukünftigen Zuhörer exakt zu erfassen und mit seinen eigenen Zielen abzugleichen. Nicht immer wird es möglich sein, sämtliche Ziele miteinander in Übereinstimmung zu bekommen, wenngleich dieses sicherlich der Idealfall wäre. Stets ist es aber wichtig, für Zielklarheit zu sorgen, und zwar bereits im Vorfeld genauso wie im Prozess und Vortrag der Präsentation selbst. Erst wenn sämtliche Ziele klar auf dem Tisch liegen, können Sie sich als Präsentierender darauf einstellen und die entsprechenden Ziele auch formulieren.

Bestandteil der Auftragsklärung ist neben den Festlegungen zur Zielsetzung auch die Beachtung des zeitlichen und formalen Rahmens, in dem die Präsentation stattfindet.

Um Ihre Auftragsklärung und Zielformulierung optimal vorzubereiten, haben wir diesem Thema ein eigenes und ausführliches Kapitel mit Übersichten und Checklisten gewidmet. Dort gehen wir auf sämtliche Details ein, die im Rahmen einer Auftragsklärung wichtig sind. Wir können in einer Merkformel zunächst Folgendes festhalten:

Die Auftragsklärung und Zieldefinition ist der entscheidende Ausgangspunkt für jede Präsentationsvorbereitung. Das Ziel einer Präsentation wird bestimmt durch das Thema, die Inhalte und die Funktion, die in die Alltagswirklichkeit der Zuhörer passen.

Auf unser oben angeführtes Beispiel angewandt: Ziel der Präsentation der Führungskraft war es, die Abteilungsleiter zu informieren, zu überzeugen und zu motivieren (Funktion) sowie Zielvereinbarungsgespräche (Thema) im Sinne des Unternehmens und regelgeleitet mit dem entwickelten Gesprächsleitfaden (Inhalte) zu führen.

Ziel = Thema + Inhalte + Funktion.

Gemeinsam ein klares Ziel definieren.

Die erste Seitenwand:
Leistungsdarstellung und Argumente entfalten

Die Leistungen sind in ihrer Darstellung die erste Seitenwand des Zeltes: Hier steht im Mittelpunkt, die konkreten Leistungen bzw. den Nutzen über die Inhalte des Themas zu entfalten, und zwar stets orientiert am Erkenntnisinteresse der Zuhörer.

Der Begriff »Leistung« ist in unserem Zusammenhang in seiner umfassenden Bedeutung gemeint.

Reflexionsfragen:
* Was genau leistet meine *Präsentation* für die Zuhörer?
* Was genau leistet das *Thema* für die Zuhörer?
* Wie genau sehen die einzelnen Leistungsaspekte aus?
* Inwiefern kann das Thema der Präsentation die Zuhörer darin unterstützen, *ihre* Leistungen (*ihre* Arbeitsergebnisse) zu erleichtern oder zu verbessern?

Die Leistungsdarstellung bildet den so genannten Hauptteil der Präsentation, in dem es vor allem auch um die argumentative Überzeugung der Zuhörer geht. In den Kapiteln zum Aufbau der Argumentation als auch zum Wirkungspotenzial Ihrer Persönlichkeit gehen wir auf das Thema »Überzeugen« noch ausführlich ein.

Der Begriff »Leistung« ist in unserer Kultur auch zum Teil ambivalent besetzt. Zusammensetzungen wie »Leistungsgesellschaft« oder »Leistungsdruck« sind dabei eher negativ besetzt. Gleichzeitig wollen Menschen gerne etwas leisten und wir alle erhoffen uns von Produkten, Dienstleistern und Organisationen oder auch dem Staat vielfältige Leistungen. Auch der Begriff der »Leistungsbeurteilung« ist für einige Menschen eher angstbesetzt, für andere hingegen eine willkommene Einschätzung ihrer beruflichen Leistung, an die sich häufig auch konkrete Entwicklungsziele oder eine leistungsorientierte Vergütung knüpfen.

Vielleicht ist es eine hilfreiche Vorstellung, den Begriff Leistung nicht einseitig auf Effektivität hin zu verengen, sondern in seiner Bedeutungsausdehnung zu erweitern, so dass auch *qualitative* Momente gleichberechtigt integriert werden.

> Leistung ist das konkrete Veränderungsergebnis einer Arbeitshandlung, um einen höherwertigen Endzustand (output) zu erreichen, unabhängig davon, ob dieser nun eher quantitativ oder eher qualitativ zu fassen ist.

In unserem Zusammenhang ist es wichtig anzuerkennen, dass wir alle konkrete Leistungserwartungen haben: Ich bringe mein Auto in die KFZ-Werkstatt und erwarte, mein Auto am Nachmittag intakt wieder abzuholen. Und genauso erwarten Zuhörer in einer Präsentation gewisse Leistungen, und zwar unabhängig davon, ob ihnen diese Erwartungen bekannt sind und gegenüber dem Vortragenden geäußert werden oder nicht. Daher ist es so wichtig, diese Leistungserwartungen zu treffen und gezielt auf sie einzugehen. Für den Fall, dass Zuhörer noch gar keine Erwartungen haben oder vielleicht sogar den Leistungsdarstellungen gegenüber skeptisch eingestellt sind, gilt natürlich in einem herausgehobenen Maße, dass die Leistungsdarstellungen besonders überzeugend ausfallen sollten.

Die zweite Seitenwand: Den Transfer und den Nutzen deutlich machen

Am Ende der Präsentation steht immer ein möglicher Transfer, sei dieser bewusst als solcher gekennzeichnet oder implizit enthalten. Stets geht es um ein Überzeugen, dass die Inhalte des Vortrages sinnvoll oder nützlich für die Zuhörer sind. Verschenken Sie daher am Ende Ihrer Präsentation keine Wirkungskraft, indem Sie den Transfer den Zuhörern allein überlassen. Sagen Sie noch einmal in aller Deutlichkeit, was genau der Nutzen, der Vorteil, das

Sinnhafte in Ihren Ausführungen ist und zeigen Sie Möglichkeiten auf, wo und wie genau die Zuhörer in Ihrem Alltag von Ihren Ausführungen profitieren können.

> Transfer im eigentlichen Sinne heißt, eine Übertragung vorzunehmen, und zwar in unserem Zusammenhang in den Bezugsrahmen Ihrer Zuhörer. Die Leitfrage für den Transfer lautet also: Was bedeutet das Thema Ihrer Ausführungen für den Alltag der Zuhörer?

Möglicherweise haben Sie schon einmal Präsentationen erlebt, an deren Ende Sie sich die Frage gestellt haben, was der Referent eigentlich mit seinen Ausführungen sagen wollte. Und genau diesen Effekt sollten Sie für Ihre eigenen Präsentationen in jedem Fall vermeiden.

Ganze Theorie- und Therapieschulen haben herausgearbeitet, wie elementar die Kategorie des Sinns für das menschliche Handeln ist (vgl. V. E. FRANKL). Wir alle streben danach, uns sinnhaft zu verwirklichen. Fehlt dieser Sinn, leidet der Mensch oder wird sogar krank. Bieten Sie daher Ihren Zuhörern Sinn an, indem Sie den Nutzen darlegen, den Ihre Leistungsdarstellungen für Ihre Zuhörerschaft haben. Und je klarer Sie dies gestalten, desto besser werden sich die Zuhörer daran erinnern können.

Ferner ist es günstig, den Zuhörern bereits Hilfestellungen und Ideen zu geben, um das Gehörte anwenden und umsetzen zu können. Dies gelingt besonders anschaulich durch Beispiele und Konkretisierungen. Ferner laden auch skizzierte Maßnahmenpläne dazu ein, Sinn zu erzeugen, indem sie in die Zukunft weisen und dem Zuhörer ein Gefühl geben, das mit »Aha, so also geht es weiter« umschrieben werden kann.

»Nutzen« ist ebenso wie »Leistung« ein Begriff, der vielschichtig zu besetzen ist und eher in einem weiten Sinne verstanden werden sollte. »Nützlichkeit« ist eher fokussiert auf den praktischen Aspekt, »Nutzen« hingegen kann auch auf theoretischen und persönlichen Ebenen liegen. »Dieser Praxistipp ist sehr nützlich für mich«, drückt dieses Verhältnis stimmig aus, und der Satz: »Dieser

Vortrag war für mich von einem hohen persönlichen Nutzen« illustriert den erweiterten Bedeutungsgehalt.

Im Idealfall sind die Inhalte Ihrer Präsentation für die Zuhörer nützlich und auch gleichzeitig von einem hohen persönlichen Nutzen.

 Tipps:

- Machen Sie sich im Vorhinein ausreichend Gedanken zu dem Sinn, zu dem Transfer und zu dem konkreten Nutzen, den Ihre Ausführungen für die Zuhörer haben.
- Nehmen Sie dabei konsequent die Perspektive der Zuhörer und Ihrer Zielgruppe ein und versuchen Sie, sich in deren Gedankenwelt zu vertiefen.
- Stellen Sie sich selbst die Frage:»Was genau können meine Zuhörer mit meinen Ausführungen anfangen?«

»Uns ist der Nutzen klar geworden.«

DAS IST IHR AUFTRAG
DIE AUFTRAGSKLÄRUNG UND ZIELDEFINITION ALS VORAUSSETZUNG FÜR NACHHALTIGEN ERFOLG

Das Zelt unseres Einstiegsbildes hat eine differenzierte Auftragsklärung zur Voraussetzung. Ohne diese Basis wird sich der gewünschte Erfolg nicht einstellen oder aber rasch vergehen. Wie wir schon im ersten Kapitel angekündigt haben, widmen wir diesem Thema ein eigenes Kapitel. Unsere Erfahrungen haben gezeigt, dass auch bei den kleinsten Aufträgen, wie beispielsweise kurzen Präsentationen von etwa zehn Minuten, immer eine Erwartungshaltung des Auftraggebers besteht.

Natürlich spielt die Zeit stets eine übergeordnete Rolle in unserem Alltag und wir erleben häufig, dass wir unter Zeitdruck stehen und dadurch auch wichtige Themen nicht immer ihren Raum finden. Die Auftragsklärung kostet Zeit. Zeit im Vorwege. Zeit zu klären. Zeit, die wir so häufig vermeintlich nicht haben.

Zeit für etwas zu haben, bedeutet, dass uns etwas wichtig erscheint – dass wir gerade dieses Thema in der Prioritätenliste ganz nach oben setzen. Keine Zeit für etwas zu haben, bedeutet aber auch, dass wir sehr beschäftigt sind und wir viele wichtige Dinge »auf dem Zettel« haben. Wir signalisieren über das »Nicht-Vorhanden-Sein« unserer Zeit dem Umfeld und Mitmenschen möglicherweise auch unsere eigene tatsächliche oder vermeintliche Wichtigkeit.

»Ich habe gerade keine Zeit dafür« heißt in letzter Konsequenz: »Mir sind gerade andere Themen wichtiger.«

Den Auftrag zu klären, obwohl keine Zeit seitens des Auftraggebers zu vermuten oder zu erwarten ist, heißt Mut zu zeigen. Und nicht selten steht nur wenig Zeit für die Vorbereitung zur Verfügung und wir starten damit, ohne konkret zu wissen, woran der Auftraggeber den Erfolg der Präsentation messen wird.

Es erfordert Mut und Beharrlichkeit, die Auftragsklärung in der Prioritätenliste nach oben zu setzen. Das macht es notwendig, von der Effizienz der Auftragsklärung auch überzeugt zu sein. Unserer Erfahrung nach lohnt sich die Investition in die Klärung des Auftrags, da sowohl der Auftraggeber als auch wir als Auftragnehmer das Ziel des Auftrags klar vor Augen haben. Wir wissen dann, was erwartet wird, wir kennen die Anforderung und wir können gezielt und strukturiert mit einem Blick von oben in die Vorbereitung gehen.

Schon ein Sprichwort sagt:

Wer kein Ziel hat, kann auch keins erreichen.

Reflexionsfragen:
- Waren mir bisher die Zielsetzungen meiner Präsentationen stets bewusst?
- Wie häufig habe ich im Laufe der Vorbereitung meiner Präsentation, auf Bitten oder Aufforderung des Auftraggebers hin, diese verändert?
- War mir bisher immer klar, was von mir als Vortragendem erwartet wurde?
- Was bedeutet für mich Zeit und Planung in der Prioritätenliste meiner Präsentationen?

Spontan – flexibel – leistungsstark: »Nun machen Sie mal…«

Mit diesen Worten wird uns ein Arbeitsauftrag häufig im Vorbeigehen zugeworfen. Allein diese Tatsache verdeutlicht uns als Auftragnehmern, dass der Auftraggeber gerade keine Zeit für dieses Thema hat. Nur für das Thema? Oder interpretieren wir nicht ab und zu auch in dieses Verhalten hinein, dass unser Auftraggeber auch keine Zeit für uns als Gegenüber hat? Mit der besten Absicht und dem Glauben an unsere Kompetenz wollen wir unseren Auftraggeber nicht enttäuschen. Man kennt einander ja und ahnt, worum es dem anderen geht. Des Weiteren ist es auch etwas unangenehm, Fragen zu stellen, die womöglich offenbaren, dass wir gar nicht genau wissen, worum es hier gehen soll. Zudem ist die Zeit knapp und man kann sich schließlich nicht mit Kleinigkeiten oder den vermeintlich klaren Fragestellungen abgeben.

Unter diesen Bedingungen mit der Vorbereitung zu starten, ist schon so normal, dass wir uns gar keinen anderen Weg mehr vorstellen können. So fangen wir an und setzen Prioritäten, schätzen den Rahmen ab, wie viel Zeit aufzuwenden ist, um die Inhalte aufzubereiten und den optimalen Erfolg zu erzielen.

Zu einer effizienten und strukturierten Arbeitsweise gehört jedoch eine Vorbereitung, die schon bei der Auftragsklärung beginnt. Wie demotivierend ist es, eine Präsentation von langer Hand zu durchdenken und zu erarbeiten, die dann aber nicht mehr wichtig ist oder gar nicht vorgetragen wird, sondern im Papierkorb landet. Oder eine Präsentation, die im Nachhinein von dem Auftraggeber mit den Worten kommentiert wird: »Das hatte ich so nicht erwartet – diese Informationen sollten gar nicht an die Mitarbeiter kommuniziert werden.« Oder: »Sie sollten doch die Mitarbeiter motivieren und nicht mit Fakten langweilen.« All diese Kommentare machen deutlich, dass im Vorwege nicht geklärt wurde, was tatsächlich vom Auftraggeber erwartet wurde. Hier sprechen wir von »vergifteten« Aufträgen, was bedeutet, dass ein Auftrag einerseits eine versteckte Agenda des Auftraggebers haben kann oder dass der Auftrag keine messbaren Zielkriterien hat. Beide Arten können den gewünschten Erfolg verhindern.

Diese vergifteten Aufträge wirken wie tatsächliches Gift manchmal schleichend, manchmal lautlos, manchmal in kleinen Dosierungen oder auch als Überdosis. Und das wirkt sich auf unsere Leistungserbringung und damit auch auf unser Selbstmarketing aus. Wir verlieren Ansehen und auch Lust auf die nächste Gelegenheit, uns auf die Bühne zu begeben. Nach diesen Erfahrungen lässt sich der Eindruck nicht vermeiden, dass die Auftragserbringung womöglich für den Auftraggeber nicht von Belang ist. Das kann zu

Verletzungen führen, die dann nichts mehr mit dem eigentlichen Auftrag zu tun haben.

In dieser Situation vermischt sich möglicherweise der Auftrag mit der Beziehung zwischen Auftraggeber und Auftragnehmer. Bereits die Art und Weise der Auftragserteilung sagt auch immer etwas über die Beziehung aus. »Sie machen das schon« hört der Auftragnehmer gerne als Kompliment, als Vertrauensbeweis und als Anerkennung seiner Kompetenz. Es kann jedoch auch aus der übergeordneten Perspektive als Desinteresse des Auftraggebers und »Abwälzen« einer unangenehmen Sache interpretiert werden. Hier spielen unsere Erfahrungswerte mit dem Auftraggeber eine große Rolle. Sollte der Auftraggeber selbst keine genaue Vorstellung von dem Ziel der Präsentation haben, könnten die entsprechend gestellten Fragen sowohl dem Auftragnehmer als auch dem Auftraggeber Klarheit verschaffen. Ein Nutzen, der nicht zu unterschätzen ist. Um diese Fragen zu klären, ist es jedoch von großer Bedeutung, dass die Fragen auch gestellt werden dürfen. Dazu ist es notwendig, sowohl die Erlaubnis bei dem Auftraggeber einzuho-

Die Abstimmung mit dem Auftraggeber schafft Klarheit.

len als auch sich selbst als Auftragnehmer zu fragen: »Darf ich diese Fragen überhaupt stellen?«

Eine gute Möglichkeit ist, die Auftragsklärung einzuleiten mit den Worten: »Um den optimalen Erfolg mit meiner Präsentation zu erzielen und ihren Erwartungen zu entsprechen, habe ich im Vorwege für meine Vorbereitung noch einige Fragen an Sie. Wann passt es Ihnen? Der Zeitrahmen steht und ich möchte in den nächsten Tagen mit der inhaltlichen Vorbereitung starten.«

Wie wirkt das auf den Auftraggeber? Die Klarheit in Bezug auf Planung und Zielsetzung wirkt grundsätzlich positiv, engagiert, zielstrebig und gewissenhaft. Sollte die Beziehung zwischen Auftraggeber und Auftragnehmer grundsätzlich gestört sein, kann die Art und Weise der Auftragsklärung jedoch auch anders interpretiert werden, nämlich unter Umständen sogar als Zeichen für Inkompetenz des Auftragnehmers.

Eine effiziente Auftragsklärung stärkt im Allgemeinen die Beziehung zwischen Auftraggeber und Auftragnehmer.

Der 12-Punkte-Plan: Ohne Fragen keine Antworten

Eine entsprechende Struktur und eine Checkliste erleichtern die Vorbereitung maßgeblich. Wir haben einen 12-Punkte-Plan entwickelt, der sicherstellen soll, dass Sie den Erwartungen bezüglich der Inhalte, der Methode und der Vortragsweise sowohl dem Publikum als auch dem Auftraggeber dieser Präsentation gegenüber gerecht werden. Die Klärung dieser Erwartungen beugt Enttäuschungen, Beschwerden und Konflikten vor. Sie investieren mit der Bearbeitung des 12-Punkte-Plans in den Erfolg Ihrer Präsentation.

Bei der Auftragsklärung sind folgende 12 Fragen zu klären:

1. Welches **Ziel** (Thema/Inhalte/Funktion) gilt es zu erreichen?
2. Welche **Zielgruppe** soll angesprochen werden?
3. Welcher **Art** ist die **Veranstaltung**?
4. Welche **Inhalte** sollen im Einzelnen vermittelt werden?
5. Welchen **Nutzen** verfolgt die Präsentation?
6. Inwieweit ist es erwünscht, dass der Vortragende seine **persönliche Einschätzung** einbringt?
7. Was genau wird vom **Vortragenden erwartet**?
8. Welcher **räumliche Rahmen** steht zur Verfügung und in welchem Umfeld?
9. **Wann** findet die Präsentation statt?
10. Welcher **zeitliche Rahmen** steht zur Verfügung?
11. Wird eine **Abstimmung** mit dem Auftraggeber **im Vorwege** erwünscht?
12. Wann wird die Präsentation als **erfolgreich** erachtet? Woran wird der Erfolg gemessen?

Wie schon zu Beginn des Buches und dieses Kapitels erwähnt, steht und fällt der Erfolg entscheidend mit der **Zieldefinition**. Deshalb ist es so wichtig, viel Wert auf eine ausführliche Zieldefinition zu legen. Die von uns genutzte Zusammensetzung des Ziels ergänzen wir an dieser Stelle um das Merkmal der Messbarkeit:

Ziel = Thema + Inhalte + Funktion + Messbarkeit

Praxisbeispiel:

Das **Thema** einer Präsentation lautet: *Kundenorientiertes Verkaufen im Technikmarkt.* **Inhalte** der Präsentation könnten sein: Welche Fähigkeiten benötigt ein kundenorientierter Verkäufer? Welche Wünsche hat unser Kunde? Welche Form der Beratung erwartet unser Kunde, um einen Kaufimpuls zu spüren? Wie kann Service erlebbar werden? Woran messen unsere Kunden ihre Zufriedenheit mit unserem Unternehmen? Die **Funktion** dieser Präsentation könnte sein, die Mitarbeiter aus der Verkaufsabteilung zu sensibilisieren, sie über neue Methoden der Kundenorientierung zu unterrichten und sie dabei zu unterstützen, ihren persönlichen Verkaufserfolg zu erreichen. Eine **Messbarkeit** kann hergestellt werden, indem nach der Präsentation anhand konkreter Kriterien ein neues Verkaufsverhalten bei den Mitarbeitern beobachtet werden kann und sich die Absatzzahlen erhöhen (**Ziel** der Präsentation).

Ziel =
Kundenorientiertes Verkaufen (Thema)
Wünsche der Kunden erkennen und Beratungsaspekte ableiten (Inhalte)
Steigerung des persönlichen Verkaufserfolgs (Funktion)
Kriterien für Verkaufsverhalten und Absatzzahlen (Messbarkeit)

Die Klärung der **Zielgruppe** ist wichtig, um ein Gespür für das Sprachniveau und die Form der Präsentation zu finden. Wer kennt nicht Beispiele, in denen sich der Sprecher möglicherweise selbst verwirklicht, aber die Zuhörer nicht erreicht? Hier spielen sowohl die Verwendung von Abkürzungen, Fremdwörtern als auch die firmeninterne Sprache eine große Rolle. Wie schnell kann sich ein Zuhörer ausgegrenzt und nicht zugehörig fühlen und hört dann einfach nicht mehr hin.

Eine Veranstaltung kann unterschiedlich gestaltet sein. Die **Art der Veranstaltung** kann beispielsweise als ein Vortrag, als moderierte Gruppensitzung, als interaktive Fragerunde oder als Einheit mit praktischen Übungen sinnvoll sein. Wie auch immer die Art der Veranstaltung ist, die Form bestimmt die Inhalte mit, beziehungsweise die Inhalte bestimmen letztlich die Form. Auf jeden Fall ist die Frage nach den **Inhalten** im Einzelnen an den Auftraggeber wichtig und notwendig. Nicht alle Inhalte sind gleichrangig und innerhalb der Präsentation sollten sie entsprechend sortiert und priorisiert werden können. Möglicherweise kann der Vortragende auch nicht alle Inhaltswünsche aus formalen, zeitlichen oder inhaltlichen Gründen erfüllen. Wichtig ist vor allem, den **Nutzen** für

»Jetzt ist alles geklärt.«

die Zuhörer zu klären. Die Nutzendefinition unterstützt die Funktion des Vortrages, wie beispielsweise »unsere Verkaufsmitarbeiter darin zu entwickeln, kundengerecht und mit Freude und Sicherheit unsere Produkte zu präsentieren und zu verkaufen, mit dem Ziel der Umsatzsteigerung im nächsten Quartal um 5 %«.

Die eigenen Erfahrungen des Referenten sind manchmal erwünscht, mal sind sie es nicht. Je nach Thema und Auftraggeber soll der Referent mehr oder weniger persönlich sichtbar werden und seine **persönliche Einschätzung** verkünden. Es gilt jedoch, dass der Referent durch das Vortragen der persönlichen Erfahrungen an Kompetenz, Vertrauen und Engagement bei seinen Zuhörern gewinnt und seine Überzeugungskraft gestärkt wird. Möglicherweise gibt es spezielle **Erwartungen** an den Vortragenden: Mit Humor vortragen, sehr anschaulich sein oder aber theoretisch fundiert, motivierend wirken oder aber die Gefahren einer Vorgehensweise deutlich machen. Stets ist es hilfreich, die speziellen Erwartungen zu kennen und mit sich selbst abzuklären. Nicht jede Persönlichkeit kann sämtliche Aspekte bedienen. Besonders hier gilt es darauf zu achten, keinen »vergifteten« Auftrag anzunehmen.

Wie auch die Art der Veranstaltung gestaltet der **räumliche Rahmen** die Inhalte und vor allem die Atmosphäre und die Offenheit der Zuhörer weitestgehend mit. Ist der Raum klein und eng, wird

die Luft schlecht und die Zuhörer können sich nicht mehr konzentrieren. Ist der Raum sehr groß, kann sich das Publikum verloren
fühlen. Die äußere Umgebung bestimmt mit, ob das Publikum sich
von Beginn an einlassen kann. Hier spielt auch die Sitzordnung eine Rolle und kann Nähe oder Distanz zum Publikum schaffen. Der
Einsatz der Medien sollte auf den Raum und die Größe des Publikums abgestimmt werden (vgl. zum Medieneinsatz Kapitel 5).

   Der Zeitpunkt, **der Termin** der Veranstaltung und **die Dauer**
sind zu klären. Überflüssig sind Präsentationen, in denen die Zeitvorgabe nicht eingehalten, stark überzogen oder sie zu einer un-
günstigen Zeit gehalten wird. Gerade bei Präsentationen, die aufeinander folgen, ist das Einhalten der vorgegebenen oder selbst
geplanten Zeit ein Zeichen von Respekt und Wertschätzung gegenüber dem Publikum, dem Organisator, den anderen Referenten
und dem Auftraggeber. Bleibt der Referent in dem angekündigten
Zeitrahmen, kann er im Sinne des Selbstmarketings Punkte sam-
meln und Sympathien gewinnen.

   Manchmal wünscht sich ein Auftraggeber noch eine **Abstimmung im Vorwege**, wenn die Präsentation im Einzelnen ausfor-
muliert ist. Dadurch sind Vortragender und Auftraggeber auf der
sicheren Seite. Benötigt der Auftragnehmer diese Abstimmung im
Vorwege, sollte er aktiv auf den Auftraggeber zugehen und dafür
sorgen, dass sie auch stattfindet.

   Die alles entscheidende Frage lautet am Ende: Was muss gegeben
sein, damit die Präsentation am Ende als **Erfolg** angesehen wird?
Welche Bedingungen im Einzelnen zeigen dem Auftraggeber und
dem Vortragenden den Erfolg an? Der Beifall des Publikums oder
der Überraschungseffekt oder die steigenden Verkaufszahlen nach
zwei Monaten? Es gibt viele Erfolgsindikatoren und es gilt, diese
unbedingt im Vorwege zu klären. Gibt es Dinge, die es unbedingt
zu vermeiden gilt, um das Ziel zu erreichen? Der Erfolg kann auf
unterschiedliche Weise **gemessen** werden und kann sowohl von
den Inhalten als auch von der Art und Weise des Vortragenden ab-
hängen. Die Inhalte können noch so professionell aufbereitet sein,
nützen aber dennoch wenig, wenn der Vortragende sein Publikum

nicht erreichen kann, da er beispielsweise schon zu Beginn seiner Präsentation den Menschen ohne Respekt gegenüber tritt, indem er erst einmal alles, was bisher geleistet wurde, pauschal ablehnt oder schlecht macht.

Es ist wichtig, die Verantwortlichkeit für den Erfolg zu differenzieren. Der Referent übernimmt im Sinne seines Auftrages die Verantwortung dafür, dass das kurzfristige Ziel erreicht wird. An dem vorigen Beispiel verdeutlicht: Die Mitarbeiter haben die Inhalte des kundenorientierten Verhaltens verstanden und sind auch motiviert, diese Instrumente anzuwenden. Die Verantwortung für das Erreichen der langfristigen Ziele, die Änderung des Verkaufsverhaltens und die Umsatzsteigerung, obliegt mehreren Beteiligten, der Führungskraft, den Mitarbeitern und dem Referenten.

Praxisbeispiel:

Der Geschäftsführer eines innovationsorientierten Unternehmens mit hundertfünfzig Mitarbeitern bittet den Bereichsleiter im Rahmen des Umstrukturierungsprozesses des Unternehmens, drei Teams über die anstehenden Veränderungen zur Organisationsstruktur zu informieren und die »Mannschaft ins Boot zu holen«.

1. Das **Ziel** ist: Jeder anwesende Mitarbeiter ist nach der Veranstaltung informiert, motiviert und setzt aktiv die im Maßnahmenplan enthaltenen Schritte innerhalb der nächsten zwei Monate erfolgreich um.

2. Die **Zielgruppe** besteht aus vierzig Mitarbeitern aus drei verschiedenen Teams und deren jeweilige Teamleiter.

3. Die Präsentation ist in die **Veranstaltungsart** eines Workshops eingebettet.

4. Die **Inhalte** der Präsentation sollen die Mitarbeiter über anstehende Umstrukturierungen informieren und einen Maßnahmenplan entwickeln, welchen Teil diese drei Teams zur erfolgreichen Umsetzung beitragen können.

5. Der **Nutzen** der Präsentation liegt darin, dass die Mitarbeiter die notwendigen Informationen erhalten und eigenverantwortlich in den Prozess einsteigen.

6. Die **persönliche Einschätzung** des Vortragenden ist in keiner Weise erwünscht.

7. Es wird **erwartet**, dass der **Vortragende** die gesammelten Fakten zur Umstrukturierung sowie Anlass und Ziel darlegt und überzeugend die Notwendigkeit und die anstehenden Erwartungen an die Mitarbeiter kommuniziert und die Entwicklung des Maßnahmenplans moderiert. Die im Maßnahmenplan entwickelten Schritte unterliegen dem Unternehmensziel.

8. Es steht ein **interner** 75 qm großer Seminar**raum** zur Verfügung.

9. Der **Termin** der Veranstaltung ist in fünf Tagen.

10. Der **zeitliche Rahmen** der Veranstaltung ist von 9 bis12 Uhr.

11. Eine **Abstimmung im Vorwege** ist nicht notwendig.

12. Die Präsentation wird als **erfolgreich** erachtet, wenn die entwickelten Maßnahmen innerhalb der nächsten zwei Monate erfolgreich umgesetzt sind.

Ziel = Thema: Die Umstrukturierung bekannt machen + **Inhalte:** Veränderungen und Maßnahmen erarbeiten und verabschieden + **Funktion:** Die Mitarbeiter informieren und motivieren + **Messbarkeit:** Die erarbeiteten Maßnahmen sind innerhalb von zwei Monaten umgesetzt.

Der 12-Punkte-Plan und praxiserprobte Tools und Methoden

Nun gehen wir noch einen Schritt weiter. Wir gewinnen durch die Auftragsklärung nach dem 12-Punkte-Plan Aufgaben oder ergänzenden Klärungsbedarf. Für jeden Klärungs- bzw. Aufgabenschritt können wir spezifische Methoden nutzen. Das folgende Raster dient der Unterstützung und der strukturierten Bearbeitung in dieser Phase der Präsentationsvorbereitung:

Punkte zur Klärung mit dem Auftraggeber	Aufgaben des Auftragnehmers	Beispielhafte Hilfestellungen und Methoden
1. Ziel	Gemeinsam eine klare Zieldefinition festlegen.	– Die »SMART-Formel« – Die Ziel-Formel nutzen (Thema + Inhalte + Funktion + Messbarkeit)
2. Zielgruppe	Die Homogenität / Heterogenität der Gruppe für die Zielerreichung beachten.	– Ggf. entsprechende Informationen im Vorwege einholen – Ggf. das Kennenlernen der Teilnehmer in die Präsentation einplanen
3. Veranstaltungsart	Anhand der Charakteristik der Veranstaltung sind entsprechend der Rahmen und der Einsatz der Medien und Methoden zu entscheiden.	– Den »Charakter« der Veranstaltung definieren: Konferenz / Beratung / Besprechung / Verhandlung / Seminar / Workshop / Training / Qualitätszirkel / Vortrag / Referat / Bericht
4. Inhalte	Die zu vermittelnden Inhalte und die Methoden klären.	– Vom Bekannten zum Unbekannten – Hauptthema / Unterthemen / Nebenthemen
5. Nutzen	Den Nutzenaspekt und die Relevanz der Veranstaltung für die Teilnehmer vom Auftraggeber erfragen und selbst vorformulieren.	– Fragen nutzen: Wozu? Weshalb? Wofür? Wieso? Was noch? – Das Ergebnis »vorwegdenken«
6. Persönliche Einschätzung des Vortragenden	Mit dem Auftraggeber klären, ob und in wieweit die persönliche Einschätzung gewünscht ist.	– Einordnen auf einer Skala von subjektiv zu objektiv, evtl.: – Aufzeigen der eigenen Meinung – Annäherungsweise Objektivität – Nebeneinanderstellen verschiedener Positionen

7. **Erwartungen an den Vortragenden**	Form, Stil und Methoden der Präsentation anhand der vorhandenen Vortragskultur abgleichen.	– Was soll ich tun? – Informieren, motivieren, sensibilisieren, aktivieren, strukturieren, aufbereiten, überzeugen, verkaufen
8. **Ort und Raum**	Die Auswahl des Ortes und des Raumes sowie die Organisation frühzeitig klären.	– Wie ist der Ort und der Raum optimal zu nutzen? – Welche Vorbereitungen sind zu treffen? – Wer organisiert was?
9. **Datum**	Die Vorbereitungszeit inhaltlich und organisatorisch an den gewünschten Zeitpunkt anpassen.	– Planungstools – Delegation – Unterstützung
10. **Zeitumfang**	Der zeitliche Rahmen bestimmt den Umfang und die Art der Veranstaltung.	– Zeitplanungstools – Zeitmanagement – Erfahrungswerte
11. **Abstimmung**	Eine Entstehungskontrolle ist dann notwendig, wenn der Auftraggeber/Auftragnehmer sicherstellen will, dass ein optimaler Konsens über die Inhalte der Informationen erreicht werden soll.	– Skizze zeigen – Konzept vorlegen – Diskutieren – Beispiele auflisten – Den Abstimmungsprozess gemeinsam entwickeln
12. **Erfolgskontrolle**	Klare Definition darüber festlegen, an welchen Kriterien der Auftraggeber den Erfolg der Veranstaltung misst.	– Welchen Einfluss haben die Kriterien auf die Inhalte und die Art der Veranstaltung? – Kurzfristiger Erfolg – Langfristiger Erfolg

Abb. 3: Der 12-Punkte-Plan mit Arbeitstools und Methoden

Wichtig im Zusammenhang mit der Auftragsklärung ist, diese als einen konstruktiven Dialog und auch als eine Hilfestellung für den Auftraggeber zu verstehen. Nicht immer sind sich die Auftraggeber voll bewusst über ihre Vorstellungen bezüglich der Präsentation. Deshalb sind die Klärungsgespräche so wichtig und sensibel gleichermaßen.

Die Auftragsklärung und Zieldefinition schaffen Klarheit sowohl für den Auftragnehmer als auch für den Auftraggeber.

Smarte Ziele

Unter Punkt 1. in der Abb. 3 haben wir als ein Beispiel für eine hilfreiche Methode zur Definition von Zielen die SMART-Formel genannt. Sie wurde maßgeblich von dem österreichisch-amerikanischen Managementtheoretiker PETER F. DRUCKER (1998) in Zusammenhang mit seiner Theorie des Management by Objectives Ansatzes entwickelt. Ziel dieses Verfahrens ist es, die strategischen Ziele des Gesamtunternehmens und der Mitarbeiter umzusetzen, indem Ziele für jede Organisationseinheit und auch für die Mitarbeiter gemeinsam festgelegt werden.

Diese Ziele sollen SMART (ursprünglich das englische Akronym für: specific = »spezifisch«, measurable = »messbar«, achievable = »erreichbar«, realistic = »realistisch« und timed = »terminiert«) sein:

S	spezifisch: passend zur jeweiligen Abteilung bzw. passend zum Kontext oder sichtbar
M	messbar: klare Vorgaben oder mutig
A	aktiv beeinflussbar: erreichbar oder akzeptiert oder attraktiv
R	realistisch: umsetzbar oder rechtschaffen/ehrlich
T	terminiert: klares Zeitlimit oder transparent

»Wir haben SMARTE Ziele.«

Aus der Summe der Einzelziele sollten sich dann die Unternehmensziele zusammensetzen. Die Mitarbeiter richten ihre tägliche operative Arbeit an ihren Zielen aus und arbeiten so im Sinne der Strategie des Gesamtunternehmens. Die SMART-Formel wird beispielsweise genutzt, wenn die Vorgesetzten die Leistung ihrer Mitarbeiter betrachten. Sie prüfen damit, inwieweit die Mitarbeiter ihre vereinbarten Ziele erreichen. Diese übergeordnete Zieldefinition kann ohne weiteres auch für die Zieldefinition einer Präsentation übernommen werden.

Der innere Auftraggeber fordert Klarheit

Im Prozess der Auftragsklärung könnte sich ein weiterer Auftraggeber Gehör verschaffen wollen. Jeder kennt es, dass sich in Situationen, in denen etwas auf dem Spiel steht – wenn es auf etwas Wichtiges ankommt, plötzlich innerlich Bedenken zeigen, das Vertrauen in die eigenen Fähigkeiten verloren geht oder Zweifel an der inneren Überzeugung aufkeimen. Diese innere Stimme nennen wir den »inneren Auftraggeber«. Jegliche Art von Zweifel, ob zum Auftrag selbst, zum Thema, zu den Inhalten oder zur Zieldefinition wird Einfluss auf die Überzeugungskraft des Vortragenden haben. Und trotzdem erwartet der Auftraggeber aufgrund der Rolle und Funktion des Auftragnehmers, dass dieser seine Souveränität einsetzt und durch Loyalität und Kompetenz überzeugt. Der innere Anspruch, dieser Erwartungshaltung des Auftraggebers gerecht werden zu wollen, lässt dann einen inneren Konflikt aufflammen. Wenn dieser im Vorwege nicht geklärt wird, könnte er die erfolgreiche Umsetzung verhindern. Besonders in diesen Situationen ist es wichtig, sich im Vorwege selbst zu klären.

Innere Klarheit macht souverän.

Zur Selbstklärung und zur Sicherung des Erfolges kann man sehr vorteilhaft die Methode der K-D-W-Fragen (vgl. BISCHOP 2010) anwenden. Die Buchstaben stehen für:

Kann ich das?
Darf ich das?
Will ich das?

Diese drei Fragen sollten alle mit einem eindeutigen »Ja« beantwortet werden können. Sollte nur eine einzige Frage mit einem »Jain« oder einem »Nein« oder »ich muss doch« beantwortet werden, wird dies mit hoher Wahrscheinlichkeit sowohl einen Einfluss auf das Wohlgefühl und die Ausstrahlung des Referenten als auch auf die Zielerreichung und den gesamten Erfolg haben. Wenn alle drei Fragen mit einem klaren »Ja« beantwortet werden können, ist der Vortragende in der wünschenswerten Situation, »Chef des Prozesses« zu sein. Das bedeutet, dass er sich selbst als kompetent und verantwortlich empfindet und einschätzt und mit Freude diesen Auftrag vorbereitet und durchführt.

Wie kann ein »Jain« oder ein »Nein« in ein »Ja« verwandelt werden?

Die Frage »**Kann ich das?**« prüft die von dem Referenten wahrgenommene eigene und persönliche Kompetenz, beziehungsweise das Kompetenzgefühl, die Befähigung, diesen Auftrag umzusetzen. Und wir selbst sind oft unsere größten Kritiker. So werden zum Beispiel Fragen nach der fachlichen Kompetenz innerlich gestellt – aber auch die Frage, ob man sich zutraut, zu motivieren oder sogar zu verkaufen. Hier geht es im Kern also um Zutrauen in sich selbst – sich zu trauen, die Aufgabe zu bewältigen. Bei vielen Menschen wirkt sich die Sicherheit im Thema auf die selbst eingeschätzte Souveränität positiv aus und verschafft dadurch auch Sicherheit im Auftritt (dazu mehr im Kapitel 6). Damit aus einem empfundenen »Jain« ein klares »Ja« werden kann, ist es wichtig, dass der Referent sich in vollem Umfang die für ihn notwendigen Kompetenzen aneignet, um seinem eigenen Sicherheitsgefühl gerecht zu werden. Wenn dann die fachliche Kompetenz stimmt, das Sicherheitsgefühl und die Lust am Vortragen vorhanden sind, wird ein klares »Ja« möglich sein.

Zur Überprüfung der Frage »Kann ich das?« hier ein paar beispielhafte Fragen, die aus unseren Erfahrungen heraus als Indikator für die gefühlte Kompetenz gelten können und die es im Vorwege mit sich selbst zu klären gilt:

- Kann ich auf die Hintergrundinformationen zurückgreifen, durch die ich mich bei diesem Thema sicher und kompetent fühle?
- Kann ich mit der von mir geplanten Technik gut und sicher umgehen?
- Kann ich die mir beauftragten Inhalte der Auftraggeberseite mit meinem Gewissen vereinbaren?
- Kann ich mich in der vorgegebenen Zeit so vorbereiten, dass ich mich sicher fühle?
- Kann ich die zu präsentierenden Inhalte überzeugend vermitteln?
- Kann ich das?

Die Frage »Darf ich das?« überprüft sowohl die inneren Werte und Ansprüche des Referenten als auch die Verantwortlichkeit in seiner Funktion und Rolle, die ihm von außen übertragen wurde. Auch hier ein paar beispielhafte Fragen, die helfen können, sich selbst zu klären:

- Darf ich in meiner Funktion und Rolle diese Inhalte präsentieren?
- Darf ich Fehler machen?
- Darf ich mich versprechen?
- Darf ich auf die Verantwortung von anderen verweisen?
- Darf ich erfolgreich sein?
- Darf ich das?

Die Frage »Will ich das?« überprüft die innere Motivation, die Freude am Auftrag oder weist darauf hin, dass sich der Referent in einer Situation befindet, in der er das Gefühl hat, doch keine andere Wahl zu haben, da ansonsten bei Ablehnung des Auftrags Konsequenzen drohen, die er nicht tragen will. Die folgenden beispielhaften Fragen sollen verdeutlichen, dass hier die »Gewissensfrage« gestellt wird und die eigenen Absichten und die innere Haltung zum anstehenden Auftrag überprüft werden:

- Will ich diese Präsentation überhaupt halten?
- Will ich diese Inhalte wirklich vermitteln?
- Will ich in meiner Funktion und Rolle diese ggf. von anderen getroffenen Entscheidungen mit verantworten?
- Will ich das?

Falls nun ein »Ich muss doch!« auftaucht, formulieren Sie die Fragen in folgende beispielhafte Aussagen um:

Ich darf diese Präsentation nicht halten!
Ich darf diese Inhalte nicht vermitteln!
Ich darf in meiner Funktion und Rolle diese von anderen, z. B. der Geschäftsführung, getroffenen Entscheidungen nicht mit verantworten!

In diesem Moment wird deutlich, was es noch innerlich zu
klären gibt, wo welche inneren
Konflikte sind und welche Konsequenzen folgen können.

Präsentationsaufträge sind eine gute Gelegenheit, die fachliche Kompetenz, die Führungs-
kompetenz und vor allem die
eigene innere Haltung zu entwickeln und zu überprüfen.

Wenn beispielsweise der Auftrag heißt, Ergebnisse zu präsentieren, die negative Konse-

»Ich stehe hinter den Inhalten.«

quenzen für das Publikum haben, heißt das für den Referenten,
dass er der Überbringer schlechter Nachrichten ist. Eine schlechte
Nachricht bleibt eine schlechte Nachricht. Inhaltlich ist dies nicht
zu ändern. Aus der Führungsrolle und der Führungsverantwortung
heraus ist es die Pflicht des Referenten, diese Inhalte zu vermitteln.
Ansonsten gilt es, diese Verantwortung wieder abzugeben und
aus der Führung zurückzutreten. Bei der Übermittlung schlechter Nachrichten ist von großer Bedeutung und Wirkung, wie diese vom Vortragenden übermittelt werden. Mit Respekt, Wertschätzung und einem natürlichen Ausdruck von Mitgefühl wird zwar
eine schlechte Nachricht inhaltlich nicht positiv, die Betroffenen
können jedoch diese Nachricht eher annehmen und verarbeiten
und es bleibt möglicherweise der Ärger über eine respektlose Art
und Weise der Übermittlung aus.

Es wird durch diese Fragestellung deutlich, dass bei der Überprüfung und bei dieser Selbstklärung die Ergebnisse Konsequenzen fordern können. Werden diese übergangen, wird der Referent längerfristig, ohne sich selbst darüber im Klaren zu sein,

unbewusst wenig für sein Selbstmarketing tun – er wirkt dann zwangsläufig unglaubwürdig und verliert das Vertrauen seines Publikums.

> Oft sind wir selbst unser wichtigster Auftraggeber, verbunden mit einem sehr kritischen Blick auf unsere Leistung und unseren Erfolg.

Zur Anwendung und weiteren Selbstklärung stellen wir Ihnen als eine Kurzform folgende Checkliste zur Verfügung, die noch einmal wichtige Fragen zusammenfasst:

	Meine Antworten
Die Zieldefinition:	
Was genau ist mein Auftrag?	
Was genau ist das Ziel meiner Präsentation?	
Was genau ist das Thema meiner Präsentation?	
Was genau ist die Funktion meiner Präsentation?	
Leistungen/Transfer:	
Welche Leistungen und Inhalte im Einzelnen meines Themas werde ich herausstellen?	
Welchen konkreten Nutzen meiner Ausführungen sehe ich für meine Zuhörer?	
Welchen Transfer in Hinblick auf unsere gemeinsame Situation sehe ich?	
Welche Relevanz hat meine Präsentation für die gemeinsame Zukunft?	

Selbstmarketing – Erfolgssicherung:	
Woran messe ich den Erfolg meiner Präsentation?	
Woran misst der Auftraggeber den Erfolg meiner Präsentation?	
Auf welche meiner Stärken kann ich mich in jedem Fall verlassen?	
Was genau ist für mich in dieser Situation positives Selbstmarketing?	

Abb. 4: Checkliste zur Selbstklärung

DAS AMPEL-MODELL
BEI GRÜN GEHT'S LOS

Den Grundstein legen – die strukturierte Vorbereitung

Wer kennt das nicht: Sie bekommen den Auftrag für eine Präsentation, haben diesen Auftrag auch ausreichend geklärt und sitzen nun an Ihrem Schreibtisch und wollen beginnen. Aber wie? Und wenn wir Glück haben, dann dauert die berühmte »Schreibblockade« nicht allzu lange.

Das von uns entwickelte AMPEL-Modell bietet eine sichere Orientierung für den Arbeitsvorgang der Präsentationserstellung. Je gründlicher und strukturierter die Vorbereitung einer Präsentation ausfällt, desto leichter werden der Ablauf und die Durchführung sein. Nach einem Überblick über das Modell werden wir im Einzelnen erläutern, wie Sie das Modell für die Vorbereitung und Durchführung der Präsentation nutzen können.

Das AMPEL-Modell bietet, wie im realen Leben auch, Orientierung und Sicherheit mit einer Kurzformel, die als Gedankenstütze für die Vorbereitung dienen kann. Wofür steht die AMPEL im Einzelnen? Wir gehen weiter unten auf die einzelnen Ampelphasen ein und stellen beispielhaft dar, welchen Nutzen sie für den Präsentierenden haben.

Ampeln regeln und steuern Prozesse, um störungsfreie Abläufe zu ermöglichen. Sie geben klare Signale, die allgemein verbindlich und leicht zu verstehen sind. Zudem

Struktur schafft Gelassenheit.

sind sie nach Möglichkeit immer gut sichtbar und werden gemeinhin »respektiert«.

Das AMPEL-Modell hilft, den zeitlichen Ablauf vor einer Präsentation zu strukturieren. Es ordnet die Inhalte und stellt den konkreten Nutzen der Ausführungen heraus. Wenn man sich einmal fragt, welche Tätigkeiten in welcher Reihenfolge zu Beginn und in der Planung geleistet werden müssen, ergibt sich eine klare Agenda, der man leicht und strukturiert folgen kann. Wir haben einmal folgende Begriffe herausgestellt und sie in unser AMPEL-Modell aufgenommen: »Annehmen des *Auftrages*, definieren der *Methode*, setzen der *Prioritäten*, sichern der *Ergebnisse* und offerieren der *Leistung*« entspricht dabei den Tätigkeiten, die sowohl in der Vorbereitung als auch in der Präsentation selbst am Thema exemplarisch ausgeführt werden können.

> Eine Präsentation entsteht bereits in der strukturierten Vorbereitungsphase. Je präziser die Vorbereitung, desto leichter die Präsentation.

Je zügiger Sie mit der Vorbereitung einer Präsentation beginnen, desto leichter wird es Ihnen fallen, in den Prozess des Arbeitens hinein zu kommen. Ihre erste Herangehensweise muss keinesfalls »perfekt« sein, sondern kann ja jederzeit revidiert und erweitert werden. Es ist vorteilhaft, für die einzelnen Bearbeitungsschritte ausreichend Zeit einzuplanen, um genügend »Material« zur Verfügung zu haben und um vor allem Ihre Präsentation als Kondensat Ihrer Überlegungen vorstellen zu können. Viel Material in der Vorbereitung bedeutet nicht, auch alles tatsächlich in der Präsentation zu verwenden. Vielmehr können Sie mit ausreichend Ausgangsmaterial für die Präsentation genau dasjenige auswählen, das wirklich passt und das die wichtigsten inhaltlichen Bausteine repräsentiert.

> Die konkrete Präsentation ist letztlich ein Kondensat, das Ihre Ergebnisse eines Arbeitsprozesses dokumentiert. Machen Sie daher deutlich, dass Sie noch über weitere Hintergrundinformationen verfügen und in der Präsentationssituation lediglich die verdichteten Inhalte vorstellen.

**Sich vorbereiten und das Material sortieren:
Die Funktion der Ampel**

Sie haben jetzt schon die Akronyme das »ZELT-Bild« und die »SMART-Formel« kennen gelernt. Akronyme können uns dabei helfen, Brücken zu bauen, eine Art Merkzettel für das Gehirn. Sowohl in diesem Kapitel als auch in einem weiteren werden wir Akronyme verwenden, um Ihnen mit einem Bild und einer sprachlichen Gedankenstütze die Umsetzung zu erleichtern. Das Akronym AMPEL steht für die einzelnen Tätigkeiten, die bei der Präsentationserstellung in einer strukturierten Abfolge relevant sind:

A uftrag annehmen **M** ethode definieren	Ampelphase **rot**: Die Einstiegsphase der Vorbereitung. Bereits im Kapitel über die Auftragsklärung haben Sie sich wichtige Fragen zu Ihrem Auftrag beantwortet. In dieser Vorbereitungsphase nehmen Sie bewusst die Teile des Auftrages an, die sie umsetzen wollen. Hier legen Sie zudem noch fest, wie genau Sie im Einzelnen vorgehen werden.
P rioritäten setzen **E** rgebnisse sichern	Ampelphase **gelb**: In der zweiten Phase wählen Sie aus, bilden thematische Prioritäten und formulieren Kernaussagen. Die Ergebnisse der Argumentation werden von Ihnen im Vorhinein festgelegt.
L eistung offerieren	Ampelphase **grün**: Mit dem definierten Ziel (Thema+Inhalt+Funktion +Messbarkeit) im Blick beginnt die Arbeit an den Ausführungen. Die Umsetzung erfolgt, in der Sie Ihre Argumentation im Einzelnen entfalten und die konkreten Leistungen illustrieren.

Bildlich gesprochen ist das AMPEL-Modell also eine Art »Regieanweisung« für den Arbeitsprozess der Präsentationserstellung. Diese dient dazu, sich nicht zu »verzetteln«, sondern sich auf die wesentlichen Punkte zu konzentrieren und das Ziel sowie die Leistung und den Nutzen der Ausführungen im Blick zu behalten. Von da-

»Die Regie übernehme ich.«

her ist es sinnvoll, keine Ampelphase zu überspringen. Denn auch beim Autofahren stehen Sie bei Rot in der Warteposition, legen bei Gelb den Gang ein und starten bei Grün durch.

Je nach Präsentationsthema und -ziel werden die Ampelphasen unterschiedlich spezifiziert und eventuell auch unterschiedlich gewichtet. So wird die Ergebnissicherung eines Geschäftsberichtes anders ausfallen als die eines Plädoyers für neue Qualitätswerkzeuge und -instrumente. Eine Projektpräsentation wird andere Schwerpunkte setzen als die Präsentation eines Werbekonzeptes in einer Konkurrenzsituation.

Ein Praxisbeispiel:

Für ein kommunales Kulturzentrum soll eine neue Print-Werbekampagne entwickelt und vor allem vorab erst einmal finanziert und beschlossen werden. Ein Fachbereichsleiter des Kulturzentrums soll im Auftrag der Kulturzentrumsleitung eine Präsentation entwickeln, die die Mitglieder der Ratsversammlung (als die wichtigsten Geldgeber neben einigen Sponsoren aus der Wirtschaft) überzeugt. Die Auftragsklärung der Vorbereitung umfasst also, die Erwartungen der Kulturzentrumsleitung zu erheben: »Geld einwerben, positives Image aufbauen, neue Besucher werben«, wie auch diejenige der Ratsversammlung: »Geld sinnvoll investieren, Nutzen erkennen, etwas für die Stadtkultur tun.« Der Referent nimmt diese Aufträge für sich und seine Präsentation an. Die Methode, die der Vortragende wählt, ist die der Darstellung bisheriger erfolgreicher Projekte und die der Darstellung von Nutzerstimmen des Zentrums. In der gelben Ampelphase werden die Projekte ausgewählt (Prioritäten) und ihr jeweiliger Nutzwert wird in guten stichhaltigen Argumenten festgelegt (Ergebnissicherung). Nun kann der Referent in der Leistungsphase seine Arbeit im Detail an den Ausführungen beginnen und sich auf die Umsetzung seiner vorbereitenden Klärung konzentrieren, in der er die Argumente im Einzelnen ausführt, schriftlich an den Formulierungen arbeitet und Visualisierungen erstellt, die grafisch und bildlich die Ausführungen veranschaulichen.

In unserem Kapitel zur Auftragsklärung haben Sie Ihren »Auftrag« von allen Seiten analysiert und geklärt. In der ersten (roten) Phase der Präsentationsvorbereitung legen Sie für sich nun genau fest, welche Teilaspekte des Auftrages Sie erfüllen wollen und welche nicht. Und schließlich legen Sie Ihr Vorgehen dafür fest, was auch beinhaltet zu klären, welche Form der Argumentation Sie nutzen wollen (siehe dazu ausführlicher im Kapitel 4 zur Argumentation). In der gelben Ampelphase wählen Sie aus Ihrer Materialsammlung aus und setzen Ihre inhaltlichen Prioritäten. Und von der Zielsetzung her gedacht: Welche Ergebnisse genau soll Ihre Argumentation ansteuern? Die grüne Ampelphase ist die eigentliche Leistungsphase der Präsentationsvorbereitung: Sie entfalten hier Gedanken und Argumente, suchen Beispiele aus und arbeiten an Ihren eigenen Formulierungen und Visualisierungen. In Form einer Checkliste stellen wir die AMPEL noch einmal im Überblick dar:

Das AMPEL-Modell zur Vorbereitung der Präsentation		
	Ampelphasen	Arbeitsschritte und Tools
A	**Auftrag** annehmen Sie starten mit der Vorbereitung und vergegenwärtigen sich die grundlegenden Erwartungen von allen Beteiligten (einschließlich sich selbst).	– Ziel klären (Thema+Inhalte+Funktion+ Messbarkeit) – 12-Punkte Plan bearbeiten – Gespräch mit Auftraggeber führen – K-D-W-Fragen stellen

M	**Methoden** definieren Sie legen die eigene Methodik auf Basis der Auftragsklärung fest und planen den Aufbau und die Struktur.	– Art der Veranstaltung festlegen – Aufbau/logische Struktur wählen – Medieneinsatz planen – Darstellungsformen auswählen – Rhetorische Mittel wählen
P	**Prioritäten** setzen Sie treffen Entscheidungen und legen eine bewusste Auswahl Ihrer einzelnen Themenbausteine fest. Danach formulieren Sie die wichtigsten Kernargumente.	– Prioritätenliste erstellen – Entscheidungen begründen – Dramaturgie/Spannung planen – Theorie und Praxis abstimmen – Beispiele und Argumente auswählen
E	**Ergebnisse** sichern Sie legen die Ergebnisse der Präsentation fest und gleichen diese noch einmal mit Ziel und Auftrag ab.	– Ergebnisse schriftlich festhalten – Mit der Auftragsklärung abgleichen – Ergebnisse in einen Kontext stellen
L	**Leistung** offerieren Sie entfalten Ihre Argumente und ordnen diese an, reichern sie mit Beispielen und Erfahrungen an und stellen die Leistungen Ihrer Inhalte heraus.	– Einleitung / Hauptteil / Schluss füllen – Argumentation aufbauen – Argumente sammeln – Argumente auswählen – Argumente anordnen

Abb. 5: Das Ampel-Modell mit Arbeitsschritten und Tools

Wir empfehlen Ihnen, in der Vorbereitung »vom Großen zum Kleinen« vorzugehen, um zunächst die großen Linien Ihres Vortrages zu entwerfen und danach noch situativ die Einzelheiten zu vertiefen. Hat man erst einmal ein grobes Gerüst, fällt es meistens nicht schwer, weitere Details zu finden, da Ideen und Argumente sich fortsetzen und fortentwickeln und sich zu jedem Oberpunkt diverse Unteraspekte finden lassen.

Und dieses Vorgehen hat noch einen weiteren entscheidenden Vorteil: Es erleichtert Ihnen, die übergeordnete Ebene im Blick zu behalten. Tappen Sie also nicht in die Detailfalle des Fachexperten: Stellen Sie nicht jedes Detail und jede Kleinigkeit dar, sondern veranschaulichen Sie die großen Linien und die Einbettung des Themas in den Gesamtkontext. Ihre Zuhörer werden zumeist keine Experten in Ihrem Thema sein, sondern sind für eine Nachvollziehbarkeit und die Sinnstrukturen dankbar, die nur sichtbar werden, wenn Sie gemeinsam von übergeordneter Warte aus auf das Thema blicken.

Vom Jäger zum Sammler – Ideen für die Materialsuche

Sie können für die Materialsuche und das Finden der Prioritäten auch verschiedene Kreativitätstechniken nutzen, wie beispielsweise Mind-Maps oder auch das »Sechs Hüte-Denken« nach Edward de Bono (BORSTNAR, KÖHRMANN 2010). Das Mind-Map ist dabei besonders geeignet, die großen Linien und Oberpunkte eines Themas zu finden und einige Unterpunkte dazu zu formulieren. Darüber hinaus kann man damit auch Vernetzungen zwischen den einzelnen Themenbausteinen herausarbeiten. Das Sechs-Hüte-Denken beispielsweise ist eine spielerische Methode, mit der Argumente aus ganz unterschiedlichen Perspektiven gefunden werden können. So kann man zum Beispiel spielerisch in die Rolle des Adressaten wechseln und aus unterschiedlichen Perspektiven heraus das eigene Thema beleuchten. Es gibt eine Vielzahl an Ideenfindungsmethoden, die Sie für Stoff- und Ideensammlung nutzen können (vgl. KNIESS 2006).

Weniger ist mehr, auch in Bezug auf das Vortragsmaterial. Seien Sie großzügig im Weglassen und prüfen Sie stets, ob das Material wirklich wesentlich ist.

Absolut wichtig sind die notwendigen Informationen, die Ihre Zuhörer für das Verständnis brauchen. Verwendung, Nutzen, Funktionen und wichtigste Ergebnisse des Themas und der Inhalte sind

Im Austausch Ideen gemeinsam entwickeln.

elementar für Ihren Vortrag. Bei abstrakten Sachverhalten und Theorien ist es wichtig, schon in der Vorbereitungssammlung an Beispiele, Konkretisierungen und Erfahrungsberichte zu denken.

Als vorteilhaft hat sich in der Vorbereitung bereits die Anlage eines Strukturkonzeptes in Stichworten bewährt: Da Sie im Idealfall sehr frei reden, sollte es die wichtigsten inhaltlichen Punkte, die Medien und die geplanten Zeiten beinhalten.

 Tipps:

- Arbeiten Sie mit einem ausführlicheren Konzept in Form eines DIN A4-Skriptes und mit der Kurzversion auf Karteikarten für den mündlichen Vortrag.
- Machen Sie sich zudem eine Gliederung für Ihren Medieneinsatz.
- Abwechslungsreich wird es, wenn Sie eher strukturierte Phasen und Passagen mit sehr freien Inhalten alternieren: Struktur für Theoretisches, freieres Erzählen für Erfahrungen und Beispiele.
- Legen Sie sich daher in der Vorbereitung schon eine Materialsammlung geordnet nach Theorie, Beispielen und Erfahrungen an.

Eine gute Möglichkeit, Material für
einen Vortrag zu finden und sich
auf die Interessenslage seiner Zuhörer einzustimmen ist es, sich mit seinen Freunden und Bekannten über
das Thema zu unterhalten und diese
zu fragen, welche Aspekte für sie bei
diesem Thema von Interesse sind. Sie
werden überrascht sein, auf wie viele
gute Ideen Sie dadurch kommen werden.

Meistens ist es sehr viel wirkungsvoller, einige Hauptgedanken
zu entfalten und zu vertiefen, als einen umfassenden Anspruch an
Breite und Fülle zu einer Präsentation zu haben. Das ist für die Vorbereitung bereits eine Entlastung, da Sie gar keinen vollständigen
Überblick über ein Thema geben müssen, sondern eher einen überzeugenden und interessanten sowie bewusst gewählten Schwer-
punkt, der stimmige und neue Aspekte thematisiert.

DIE PRÄSENTATION WÄCHST UND GEDEIHT

DIE ÜBERZEUGENDE STRUKTUR EINER PRÄSENTATION

Der klassische Aufbau und was dabei zu beachten ist

Jede Präsentation und die damit verbundene Überzeugungskraft steht und fällt mit einer sichtbaren Struktur, die von dem Vortragenden transparent gemacht wird und damit auch für das Publikum plausibel ist. Dabei hat sich die klassische Einteilung aus Einleitung, Hauptteil und Schluss bewährt und bildet den großen Rahmen, in den hinein Sie Ihre Inhalte geben und diese dann gestalten. Wenn Sie in ihrem Vortrag im Hauptteil ausschließlich informieren wollen, werden Sie dort ihre Inhalte unterbringen. Geht es in ihrer Präsentation hingegen um Überzeugungsarbeit, brauchen Sie im Hauptteil stichhaltige Argumente. In diesem Kapitel zeigen wir Ihnen, wie Sie zu einem guten Aufbau und stichhaltigen Argumenten kommen.

Unter Struktur verstehen wir in unserem Zusammenhang eine sinnvolle und logische Verknüpfung zwischen einzelnen Einheiten bzw. Phasen der Präsentation. Nicht nur die Auswahl und Ausgestaltung der einzelnen Einheiten, sondern vor allem auch ihre Verknüpfung ist entscheidend für die inhaltliche Überzeugungskraft und damit auch für den Erfolg des Vortrages.

Eine Präsentation gelingt mit dem Ausmaß an inhaltlicher Struktur. Je transparenter die Struktur, desto besser können die Zuhörer folgen.

Dabei ist eine Struktur sowohl für den Vortragenden als auch für den Zuhörenden eine Hilfestellung. Und Struktur bedeutet nicht: »unlebendig und unflexibel«, sondern genau das Gegenteil. Unstrukturierte oder nicht erkennbar strukturierte Präsentationen lassen den Zuhörer im Ungewissen und den Vortragenden nicht selten den eigenen Weg verlieren. Im Idealfall entsteht mit dem AMPEL-Modell eine gleichartige Struktur in Vorbereitung und Aufbau: Der Struktur Ihrer Vorbereitung entspricht die Entfaltung Ihrer Gedanken, die Sie während der Präsentation entwickeln. Damit sind Sie auf der sicheren Seite: Die Struktur, die Sie bestens aus Ihrer Vorbereitung kennen, entwickelt sich im Prozess der Präsentation selbst.

 Tipps:

- Sorgen Sie während des Vortrages für Nachvollziehbarkeit und Transparenz.
- Legen Sie sich daher in der Vorbereitung schon eine Materialsammlung, geordnet nach Theorie, Beispielen und Erfahrungen an.
- Geben Sie sich selbst mit einer soliden Struktur Sicherheit für den Vortrag.
- Legen Sie ausreichend Wert auf die Vorbereitung, um sich selbst im Vortrag zu entlasten.
- Lassen Sie während des Vortrages Ihre Gliederung sichtbar.

Der klassische Aufbau einer Präsentation aus Einleitung, Hauptteil und Schluss wirkt nicht zuletzt deshalb auf uns so überzeugend und »rund«, weil wir mit ihm bestens vertraut sind und wir aufgrund unseres Vorwissens auch konkrete Erwartungshaltungen haben. Dabei sind erfahrungsgemäß sogar die Einleitung und der Schluss besonders relevant, da hier der Eindruck des Zuhörers entscheidend gebildet wird und das Gesagte und Dargestellte nachhaltig haften bleibt. Bevor wir auf die drei Phasen noch einmal genauer eingehen, zunächst ein tabellarischer Überblick:

Einleitung	Begrüßung, Selbstvorstellung, Titel des Vortrages, Anlass des Vortrages, Ziel, Nutzen, Agenda, Ablauf, Zeitrahmen, weitere Formalia
Hauptteil	Gesamtaufbau, Entfaltung der Argumentation, Argumentationsgliederung (Möglichkeiten siehe unten), Argumente, Beispiele, Theorie, Erläuterungen, Praxisbezug, Ergebnisse, Zwischenzusammenfassungen
Schluss	Schlussfolgerungen, Kernbotschaft, Leistungen, Erkenntnisgewinne, Kernnutzen, Transfer, Einbettung, Kontexte, Gesamtzusammenfassung, Empfehlung, Fazit, Bedanken, Appell, zu Fragen einladen

Abb. 6: Aufbau einer Präsentation

Oft werden wir gefragt, wie es um das zeitliche Verhältnis der einzelnen Präsentationsphasen bestellt ist. Sicherlich nimmt der Hauptteil quantitativ den größten Raum ein, und je nach Anlass und Thema der Präsentation kann der Referent schneller oder langsamer in das Thema einsteigen. Allerdings bleiben sämtliche Programmpunkte der Einleitung und des Schlusses wichtig, um die Beziehung zu den Zuhörern zu gestalten und wichtige Akzente zu setzen.

Die *Einleitung* ist die entscheidende Phase für den Beziehungsaufbau und das »Abholen« und Einstimmen der Zuhörer. Nicht selten haben wir in der Praxis Präsentationen erlebt, in denen der Referent die Begrüßung der Zuhörer vergessen und eine Selbstvorstellung gar nicht eingeplant hat. Die Selbstvorstellung wird aber nur überflüssig, wenn wirklich alle Zuhörer den Referenten bestens kennen. Die Erwähnung des Anlasses der Präsentation holt die Zuhörer gut »ins Boot« und stellt das Thema in einen Begründungszusammenhang, wodurch die Ausführungen eingebettet und damit sinnvoll werden. Gerade bei der Selbstvorstellung ist es wichtig zu erwähnen, in welcher Funktion und Verantwortung der Vortragende steht und diese Präsentation hält.

Vorstellungen, wie sie häufig in der Praxis zu finden sind und ähnlich lauten wie: »Ich will noch mal kurz ein paar Worte zu meiner Person sagen…«, können die Wirkung erzielen, dass der Vortragende sich selbst als nicht wirklich wichtig empfindet und möglicherweise auch so vom Publikum wahrgenommen wird. Das ist dann kein optimaler Start für die Präsentation und die Überzeugungskraft des Referenten.

Neben dem Beziehungsaufbau ist die zweite entscheidende Aufgabe der Einleitung, den Zuhörenden einen Überblick über das Thema und die Präsentation zu geben. Es wertschätzt den Zuhörer in einem besonderen Maße, wenn ihm die notwendige Orientierung gegeben wird und er im Bilde über den Ablauf der Präsentation ist. Diese Orientierung sollte in jedem Fall während des gesamten Vortrages erhalten bleiben. Und zu dieser Orientierung gehört neben der inhaltlichen und formalen auch die zeitliche. Die Gesamtdauer des Vortrages sollte vorgestellt und eingehalten werden.

In diesem Zusammenhang ist es besonders wichtig zu erwähnen, dass Zeit, eingeräumte Zeit, zugestandene Zeit oder zur Verfügung gestellte Zeit immer auch direkt mit der Anerkennung des Gegenübers, des »Zeitgebenden«, in Verbindung steht. Wie fühlt sich wohl ein Zuhörer, der im Ungewissen bleibt, wie lange er dem Vortragenden seine Aufmerksamkeit und sein Interesse schenken soll? Oder, was wir alle sicherlich schon einmal erlebt haben, wenn ein Vortragender ohne weitere Ankündigung oder Erlaubnis seine Vortragszeit um Längen überzieht? Hier besteht die Gefahr, dass die aufgebauten Positiveffekte der Präsentation in Verstimmung umschlagen. Daher ist die Einhaltung der Zeit kein rein formales Kriterium, sondern steht in einem unmittelbaren Zusammenhang zu dem Inhalt, zur Beziehungsebene und zur Bewertung beider Aspekte. Möglichkeiten, wenn man merkt, dass die Zeit knapp wird, sind daher, Teile wegzulassen, es anzusprechen und sich danach zu erkundigen, ob man noch mehr Zeit bekommt: »Schenken Sie mir weitere fünf Minuten, um dieses Thema abzurunden?«

»Struktur ermöglicht mir Flexibilität.«

Der *Hauptteil* ist die Phase der inhaltlichen Überzeugung. Hier werden die Argumente in einer geordneten Weise entfaltet und die Ausführungen mit ausreichend Belegen, Erfahrungen und Theorie wie Praxis angereichert. Wichtig ist es auch hier, stets den roten Faden der Orientierung beizubehalten und, gerade auch bei längeren Exkursen, immer wieder zum Thema zurückzuführen. Dazu eignen sich Zwischenzusammenfassungen und Wiederholungen, wenn sie in einem angemessenen Verhältnis und Maß stehen.

Die *Schlussphase* einer Präsentation ist in einem herausgehobenen Maße dazu da, die Inhalte der Präsentation nachhaltig bei den Zuhörern zu verankern und eine deutliche Stellungnahme, einen Appell oder ein Fazit auszugestalten. Die Eindrücke aus dieser Präsentationsphase bleiben besonders nachhaltig haften, und gerade deshalb lohnt es sich, hierauf ausreichend Wert zu legen. Es ist daher günstig, einige Formulierungen im Vorfeld schon für den Abschluss vorzubereiten.

Je tiefer ein Referent sich in seinem eigenen Thema auskennt, desto mehr sollte er von seinem eigenen Wissen abstrahieren und die Perspektive des Publikums einnehmen. Dafür ist es hilfreich, die Metaebene zum Thema zu sehen und zu verdeutlichen, in welchem Zusammenhang dieses Thema zum Gesamten steht, z. B. zum Gesamtunternehmen, zu einer Innovation oder zu einer anstehenden Veränderung. Der Perspektivenwechsel zur Zuhörersicht ist wichtig, um zu erkennen, was genau der andere braucht, um der eigenen Argumentation folgen zu können.

Gehen Sie nicht zu sehr ins Detail, was bei vielen Fachexperten und Spezialisten zu beobachten ist. Nicht die Fülle an Einzelheiten wird die Zuhörer begeistern und überzeugen, sondern vielmehr die nachvollziehbare Struktur der passenden Auswahl von einzelnen bewusst ausgewählten Aspekten.

Praxisbeispiel:

In einer Projektpräsentation über den Start eines neuen Bio-Imbissbetriebes vor einer gemischten Zielgruppe aus Geschäftsinhabern der Nachbarschaft berichtet die Projektleiterin zunächst einmal über das Ziel Ihrer Präsentation, das Geschäftsmodell des neuen Bio-Snackbetriebes in seinen Facetten a) Shopdesign, b) Geschäftspolitik c) Angebotsstruktur vorzustellen und für Fragen zur Verfügung zu stehen. Letztlich möchte die Projektleiterin damit für Akzeptanz und gute Nachbarschaft werben. Ihre Prioritäten der Ausführungen begründet sie mit stimmigen Argumenten zu einem geschlossenen und abgestimmten Außenauftritt der gesamten Ladenzeile und vorstellbaren gemeinsamen Aktivitäten, die das Geschäft für alle beleben und befördern sollen. Im Hauptteil entfaltet sie die Argumentation im Einzelnen und legt dar, inwieweit die drei oben genannten Komponenten hervorragend zum Gesamtkonzept der Geschäftsstruktur passen. In der Abschlussphase der Präsentation verweist die Vortragende noch einmal auf den Kernnutzen des neuen Imbissbetriebes für die Kunden der Ladenzeile wie auch für die anderen Geschäftsleute (Steigerung von Attraktivität und Umsatz), richtet den Blick auf eine gemeinsame Zukunft inklusive Ihrer Wünsche an die Geschäftsnachbarn und stellt eine interaktive Zeit für Fragen und Wünsche zur Verfügung.

Letztlich bestimmt das übergeordnete Ziel der Präsentation sowohl den *Gesamt-* als auch den *Argumentations*aufbau bzw. die Argumentationsanordnung. Und diese wiederum bestimmt die Auswahl und Anordnung der einzelnen Argumente, die in einen Zusammenhang gestellt werden. Daher werden wir uns weiter unten mit dem argumentativen Gesamtaufbau, den Argumentationsgliederungen sowie den unterschiedlichen Typen von Argumenten befassen.

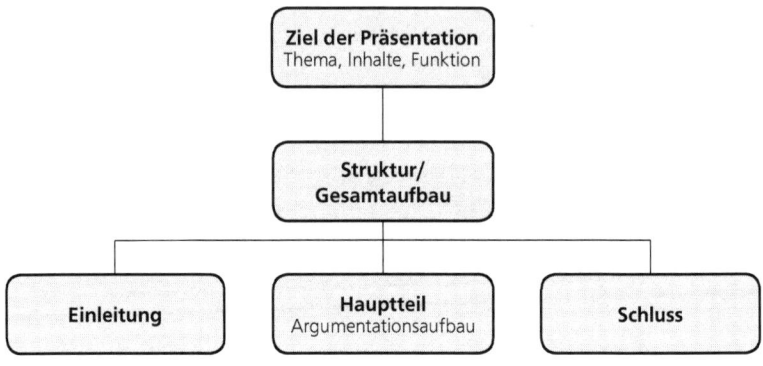

Abb. 7: Die Komponenten eines Präsentationsaufbaus

Jenseits der Langeweile – machen Sie Ihren Vortrag lebendig

Es gibt vielfältige Möglichkeiten, die Ausführungen interessant und nachhaltig zu gestalten. In diesem Abschnitt geben wir Ihnen dazu Tipps und Praxiserfahrungen.

Es ist in jedem Falle aufmerksamkeitssteigernd, wenn Sie Ihr Publikum direkt ansprechen und möglicherweise auch die Sinneswahrnehmung leiten (»Sie sehen an diesem Beispiel…«). Überlassen Sie jedoch eine gewisse Denkarbeit immer den Zuhörenden, und unternehmen Sie keine Interpretationen, die die Zuschauer selbst leisten können (»Aha, das spricht also für diese neue Herangehensweise…«). Gerade die so genannten »Leerstellen« und »Lücken« regen die Zuhörer zum Mitdenken an, und Sie machen gleichzeitig deutlich, dass Sie sie als gleichberechtigte Gesprächspartner ansehen. Pausen sind gleich in mehrfacher Hinsicht funktional, denn sie geben den Zuhörern Zeit mitzudenken, sie strukturieren das Vorgetragene und setzen dadurch Akzente in den

Inhalten. Darüber hinaus können sie auch Spannungsmomente erzeugen.

Abwechslung belebt jeden Vortrag. Daher ist auch jede Form der Monotonie (im Medium, in der Sprechweise, in den Inhalten) ermüdend für Ihre Zuhörer. Variieren Sie in einem stimmigen Maß und bauen Sie Abwechslung auf diesen unterschiedlichen Ebenen ein.

Bringen Sie sich als ganze Persönlichkeit mit ein. Erzählungen aus der eigenen beruflichen Erfahrung, persönliche Begegnungen und Erfahrungsberichte geben den Ausführungen eine individuelle und unverwechselbare Note. Und zugleich steigt ihre Glaubwürdigkeit, da Sie als realer Mensch vor Ihrem Publikum stehen und die Inhalte mit realen Erlebnissen anreichern. Allerdings sollte Ihr Vortrag insgesamt nicht vollständig anekdotisch aufgebaut sein. Zu viele Anekdoten lassen den Vortrag zumeist in etwas Unernstes und Beliebiges geraten, haben möglicherweise zwar einen hohen Unterhaltungswert, könnten jedoch die Überzeugungsfunktion am Ende einschränken.

Sprechen Sie erst *von* den Dingen und dann *über* die Dinge. Bringen Sie Beispiele aus dem Lebensalltag und beschreiben Sie die Erfahrungen im Einzelnen. Danach können Sie dann eine Abstraktionsebene höher ansetzen und diese Sachverhalte interpretieren oder analysieren.

Je anschaulicher die Ausführungen in einem Vortrag werden, desto lebendiger wird es für die Zuhörer. Ein gutes Mittel dafür ist konkretes Anschauungsmaterial, das zum Vortrag mitgebracht wird und die Inhalte »vergegenständlicht«.

Eine weitere Möglichkeit ist es, Analogien und Vergleiche, sprachlich oder grafisch dargestellt, zu bilden, durch die die Zuhörer die neuen Inhalte an Bekanntes anknüpfen können.

Ferner können Sie von der Möglichkeit Gebrauch machen, durch die so genannten rhetorischen Fragen Ihren Vortrag zu strukturieren. Nur sollten Sie dieses Stilmittel maßvoll anwenden, da es eine »überlegene Position des Vortragenden« nahelegen kann: »Was können wir nun aus diesem Beispiel lernen?« mag als eher spar-

sam gebrauchte Wendung illustrativ sein. »Aber wo sind denn jetzt die Lösungen?« oder »Wollen wir wirklich weiterhin mit diesem ineffektiven Bestellwesen Kunden vertreiben?« haben bereits einen spürbar manipulativen Beigeschmack in den Ohren ihres Publikums. Rethorische Fragen spekulieren auf die inneren Antworten des Zuhörenden, die im Idealfall immer eine Zustimmung zum Vortragenden sein soll. Und genau das macht sie so verdächtig. Sinnvoll können ferner auch innerhalb des Vortrages Ankündigungen bzw. Vorausverweise als auch Zusammenfassungen im Verlauf sein.

Eine Umkehrung der Chronologie (von Inhalten, dargestellten Ereignissen, zeitlichen Abfolgen in einem Projekt) kann im Rahmen einer Präsentation sinnvoll sein und erzeugt Aufmerksamkeit. Eine starke oder provozierende These bzw. Handlungsaufforderung am Beginn schafft einen interessanten Einstieg. Die weiteren Ausführungen sind im Grunde eine Beweisführung der zentralen These, wodurch die Zuhörer auf diesem Wege involviert werden.

Präsentationen und Vorträge sind Texte und Ausführungen, die, um einen Fachbegriff aus der Texttheorie zu verwenden, nicht-erzählend organisiert sind (BORSTNAR, PABST, WULFF ²2008). Das bedeutet, dass sie keine Geschichten erzählen, sondern anderen Organisationsprinzipien folgen, die die vorgestellten Inhalte in einen abstrakteren Zusammenhang stellen. Was in einer Geschichte also Spannung erzeugt (Auslassungen, Zeitsprünge, die überraschende Wendung, das überraschende Ende, die chronologische Ordnung und die Perspektivenverengung) führt in Präsentationen eher zu Unbehagen. Leben Geschichten also von Wendungen, Überraschungen und vielen interessanten Details, so brauchen Vorträge Überblick und Transparenz von Anfang an. Das bedeutet hingegen jedoch gleichzeitig durchaus, kleine Erzählungen in Form von Erfahrungen, Beispielen und Geschichten einzubringen. Diese sind in sich selbst erzählend, aber immer sinnvoll in den Gesamtzusammenhang eingefügt, der insgesamt nicht-erzählend organisiert ist.

Den Inhalten Nachdruck verleihen – Argumentieren

Zusätzlich lohnt ein Blick auf weitere Möglichkeiten, wie man Vortragsstoff strukturiert. Der Aufbau des Vortrages ist maßgeblich entscheidend für die Dramaturgie und damit auch für die Wirkung. Und schließlich entscheidet der Gesamtaufbau auch über die Wahl der Argumente, die man einsetzen kann, um die eigene Position abzusichern und seine Zuhörer zu überzeugen. Argumente, auf die wir in diesem Kapitel noch ausführlicher eingehen werden, gehoren grundsätzlich in den Hauptteil der Präsentation. In die Einleitung können allenfalls Ankündigungen, in den Schlussteil Zusammenfassungen

Starke Argumente für die eigene Position.

von Argumenten einfließen. Sie können unterschiedlich angeordnet werden, und je nach Anordnung wechselt auch ihre Überzeugungskraft. Ziel der Präsentation sollte natürlich sein, das Maximum an individueller Wirkungskraft Ihrer Argumente zu entfalten. Jede Präsentation braucht eine Argumentationskette. Man kann eine Präsentation zwar auf einer einzelnen starken These oder Empfehlung aufbauen, nicht aber auf einem einzelnen Argument bzw. einer einzelnen Begründung, da erfahrungsgemäß eine Absicherung der These durch mehrere Argumente notwendig ist. Daher gilt als Grundregel:

> Jede These oder Empfehlung braucht mindestens drei Argumente bzw. Begründungen.

Was genau ist aber nun ein Argument? Und wie kommt man zu guten und stichhaltigen Argumenten? Wir lehnen uns hier an eine praxisnahe Definition an (nach WILHELM, EDMÜLLER 2003):

> Ein Argument ist eine Gruppe von Aussagen, die in einem Begründungszusammenhang stehen. Dabei wird ein Standpunkt mit Gründen verknüpft, die diesen Standpunkt stützen sollen.

Und welche Argumente bzw. Gründe wirken nun am besten? Natürlich jene, die von der Zielgruppe am leichtesten akzeptiert werden können. Und in dem Ausmaß, in dem die Argumente akzeptiert werden, steigen die eigene Überzeugungskraft und die erwünschte Wirkung.

Beteiligen Sie Ihre Zuhörer, indem Sie sie an der Beweisführung teilhaben lassen. Nicht ein überraschender Schluss in der Präsentation ist das Ziel, sondern die Darlegung des passenden Weges zu einem von allen geteilten Ziel. Daher sollte die Hinführung zu den stichhaltigsten Argumenten sorgfältig überlegt und aufgebaut sein.

Als eine Empfehlung für den Hauptteil gilt: Bringen Sie ein mittelstarkes, nicht das stärkste Argument zuerst. Staffeln Sie dann in einer »ansteigenden« Kurve die Argumente und schließen Sie mit der überzeugendsten Begründung. Diese wird dann nachhaltig haften bleiben und Ausgangspunkt für die weitere Diskussion sein.

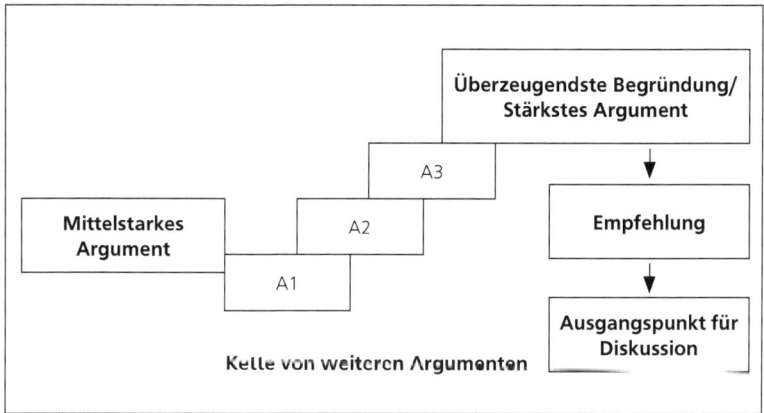

Abb. 8: Möglicher Aufbau der Argumentationskette

Besonders in Präsentationen, in denen Sie nicht nur informieren, sondern auch motivieren oder überzeugen wollen, sollten Sie viel Wert auf Auswahl und Anordnung von Argumenten legen. Unterschätzen Sie die Urteilskraft Ihrer Zuhörer nicht. Diese werden mehr von Argumenten als von einer »Verpackung« überzeugt.

Präsentationen, die Überzeugungsarbeit leisten, sind eine Beweisführung zu einer grundlegenden und wichtigen Aussage bzw. These seitens des Referenten. Daher ist es sinnvoll, zwischen Aussagen und Thesen einerseits, Begründungen für genau diese Behauptungen (Argumenten) andererseits sowie den daraus abgeleiteten Empfehlungen exakt zu unterscheiden. In dem Maße, wie Sie klar erkennbar und stichhaltig die einzelnen Stufen der Überzeugungsschritte voneinander abgrenzen, steigt Ihre Glaubwürdigkeit und damit auch Ihre persönliche Überzeugungskraft.

Praxisbeispiel:

Der Personalreferent eines Landesministeriums bekommt von seinem unmittelbaren Vorgesetzten, dem Minister für Finanzen, den Auftrag, im Rahmen einer Präsentation eine Entscheidungsvorlage für das Leitungsgremium des Ministeriums zu erarbeiten, ob und welche methodischen Verbesserungen der Personalauswahl einzuführen sind. Nach einem Überblick über verschiedene Methoden der Personalauswahl spricht sich der Referent besonders für eine methodische Verbesserung des Interviews aus und begründet diese Entscheidung mit a) methodischen Argumenten hinsichtlich Objektivität und Entscheidungsqualität, b) pragmatischen Argumenten hinsichtlich Kosten und Durchführbarkeit. Seine Empfehlung geht daher in seinem Abschlussfazit deutlich dahin, mit einer Implementierung »Strukturierter Interviews« bis zum Jahresende zu beginnen und dafür externe Beratung einzuholen.

 Tipps:

- Stellen Sie das Vorgetragene als relevant heraus.
- Holen Sie die Zuhörer an der passenden Stelle ab.
- Trennen Sie sichtbar zwischen Aussage/These, Argument/Begründung und Empfehlung.
- Trennen Sie Ober- und Unterpunkte nachvollziehbar voneinander.

Auch bei der Argumentation geht es um die Einnahme der Perspektive der Zuhörer: Nicht die Argumente, die den Vortragenden selbst am meisten überzeugen, sind die wichtigen, sondern jene, die für die Zielgruppe entscheidend sind.

Die Möglichkeiten der Argumentationsgliederung

Es gibt eine Vielzahl an bewährten Gliederungsschemata für die Argumentation, von denen wir Ihnen hier in der Praxis bewährte

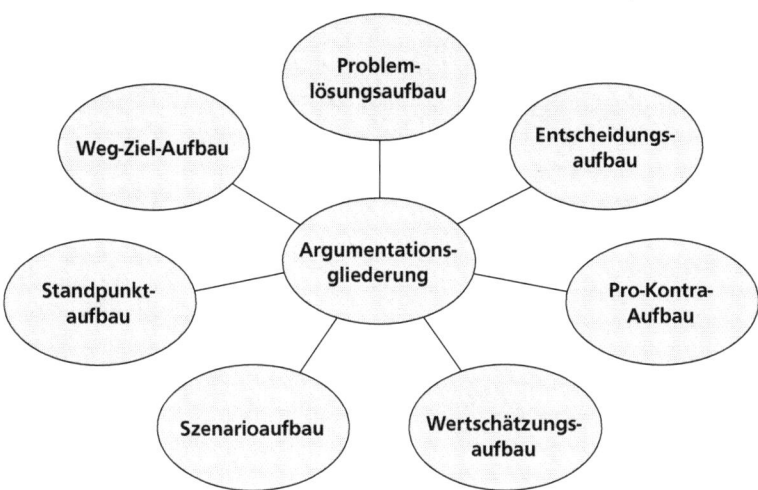

Abb. 9: Bewährte Möglichkeiten von Argumentationsgliederungen

und gut genutzte Möglichkeiten vorstellen (vgl. dazu auch KELL-
NER 2000, WILHELM, EDMÜLLER 2003, 73 ff).

Problemlösungsaufbau	
Ausgangssituation	Schilderung der problematischen Ist-Situation, der Ausgangsgedanken, des Startpunktes
Zentrale Botschaft	So sieht die Lösung des Problems aus
Begründungen	Argumente für die Lösung (Gründe und Begründungen)
Schlusspunkt	Schlussfolgerung, Aufruf zum Handeln

Der Problemlösungsaufbau ist der zentrale Aufbau für ein Über-
zeugungshandeln. Nicht zuletzt deshalb verfahren viele Werbespots
nach genau diesem Schema, indem sie mit einer problematischen
Ist-Situationsdarstellung beginnen und die Lösung mithilfe des Pro-
duktes dann vorführen. So genügen beispielsweise in einem Werbe-
spot die herkömmlichen Windeln den modernen Anforderungen
an diese Produktklasse nicht, da sie zu wenig Fassungsvermögen

haben und die Restfeuchtigkeit regelmäßig Hautreizungen verursacht. Der neue Windeltyp hingegen hat ein gesteigertes Fassungsvermögen von Feuchtigkeit, was auch praktisch vorgeführt wird, wodurch das Problem der Hautreizungen endgültig gelöst wird.

Eine Variation dieses Typs ist der Entscheidungsaufbau:

Entscheidungsaufbau	
Ausgangssituation	Schilderung der Ist-Situation, der Ausgangsgedanken, des Startpunktes
Lösungsalternativen	Diese Handlungsalternativen stehen uns zur Verfügung
Kriterienauswahl	Welche Kriterien legen wir an die potenziellen Lösungen in Anbetracht unserer Ziele an?
Lösungsauswahl	Welche Option kommt nun auf der Basis der Kriterien am ehesten in Frage?
Schlusspunkt	Schlussfolgerung, Appell, Ausblick

Der Entscheidungsaufbau ist der bevorzugte in stark begründenden Zusammenhängen, die eine möglichst objektive Vorgehensweise anstreben und sich der Gründlichkeit verpflichten.

Praxisbeispiel:

Ein ambulanter privater Pflegedienst braucht neue Kunden und ein neues Marketingkonzept. Der zur Präsentation eingeladene Referent baut seinen Vortrag darauf auf, drei unterschiedliche Lösungsalternativen vorzustellen und im Detail zu erläutern. So spricht er über die Möglichkeiten, a) in den lokalen Tageszeitungen zu werben, b) Mailings an Senioren zu verfassen und c) die Unternehmensdarstellungen des Unternehmens zu überarbeiten, um diese breiter streuen zu können und direkt an Interessenten zu verteilen. Nach Vorstellung der mit der Geschäftsführung festgelegten Kriterien (nachhaltig, effektiv, imagegenerierend, persönlich) für die Maßnahmen kommt der Referent eindeutig zu einer Favorisierung der Alternative c) und liefert damit eine von der Belegschaft getragene Entscheidungsvorlage.

Der relevante Aspekt beim Entscheidungsaufbau ist der Umstand, dass der Zuhörer die Hoheit behält, da er aus verschiedenen Lösungsalternativen wählen kann und nicht von vornherein auf nur eine Alternative fokussiert wird. Schließlich wird dann noch eine begründete Empfehlung ausgesprochen. Überzeugend daran ist die Wahlfreiheit, die wir alle gerne bei unseren kleinen und großen Entscheidungen im Alltag haben.

Pro-und-Kontra-Aufbau	
Einleitung	Schilderung der Ausgangsfrage, unterschiedliche Stimmen zum Thema, Kernoption
Pro-Argumente	Was spricht für diese Option?
Kontra-Argumente	Was spricht dagegen?
Abwägen	Was kommt bei einem Abgleich der Pro-und-Kontra-Argumente heraus?
Schlusspunkt	Schlussfolgerung, Appell, Ausblick

Das ist der Klassiker unter den Argumentationsgliederungen. Selbst wenn die Kontra-Argumente nur »gering« ausfallen, sollten sie beachtet werden, da sie die Pro-Argumente in jedem Fall in ihrer Glaubwürdigkeit untermauern.

Wertschätzungsaufbau	
Standpunkt der anderen	Wertschätzung und Vorteile der anderen Meinungen
Eigener Standpunkt	Darstellung mit Argumenten und Gründen
Abwägung	Objektive Abwägung der beiden Standpunkte
Folgerungen	Was daraus folgt: Plädoyer für den eigenen Standpunkt
Schlusspunkt	Fazit

Der Wertschätzungsaufbau funktioniert ausschließlich, wenn die Wertschätzung echt und authentisch ist. Und möglicherweise können Sie zudem auch Elemente des anderen Standpunktes in den eigenen integrieren, um Akzeptanz zu schaffen.

Szenarioaufbau	
Erwartungen an Zuhörer	Darstellen dessen, was von den Zuhörern erwartet wird
Negativfolgen	Beispiele dafür, wenn Erwartungen nicht erfüllt werden
Positivfolgen	Beispiele zu den erstrebenswerten Folgen (Szenario)
Folgerungen	Zusammenfassung, warum die Erwartungen berechtigt sind
Appell	Was soll jetzt getan werden?

Der Szenarioaufbau eignet sich dafür, die Zuhörer zum Handeln zu bewegen, sollte allerdings mit Bedacht umgesetzt werden, da sich die Zuhörer sonst auch manipuliert fühlen können.

Praxisbeispiel:

Der Landrat eines sehr ländlich geprägten und strukturschwachen Kreises möchte in seiner Präsentation vor der Kreisvertretung um Zustimmung für den geplanten Autobahnzubringer werben, gegen den sich bereits Widerstände artikulieren. Die geschilderten Negativfolgen liegen im Bereich der Abwanderung von Betrieben, Leerständen bei Geschäften und Lagerimmobilien sowie der Schließung des letzten Dorfgasthofes der Region. Demgegenüber entwirft er ein Positivszenario, das positive Folgen für die Region (neue Betriebe, neue Arbeitsplätze und mehr Umsatz für Gastronomie und Geschäfte) aufzeigt und sogar positive Folgen für den Umweltschutz (Renaturierung eines Bachlaufes mit Mitteln aus der Gewerbesteuer) enthält. Im Teil »Folgerungen« verweist der Landrat auf vergleichbare Entwicklungen in ähnlichen Gemeinden, zum Teil mit harten Zahlen untermauert und mit Zusagen von Betrieben, die sich ansiedeln wollen. Im Teil »Appell« zeigt er die möglichen nächsten Schritte und einen zeitlichen Fahrplan auf.

Standpunktaufbau	
Mein Standpunkt	Schilderung der eigenen Position
Argumente dafür	Argumente, Gründe, Erfahrungen
Veranschaulichung	Beispiele, Praxisberichte
Folgerungen	Was folgt daraus? (Wiederholung des Standpunktes)
Schlusspunkt	Was soll jetzt getan werden?

Der Standpunktaufbau hilft dabei, die eigene Position sehr gründlich darzulegen und vor allem mit Beispielen und Material aus der Praxis anzureichern.

Weg-Ziel-Argumentation	
Gemeinsame Ist-Situation	Schilderung der von allen erfahrbaren Ist-Situation
Gewünschte Ziel-Situation	Vorstellung der gemeinsamen Ziel-Situation oder Vision
Wege dahin	Entwurf eines oder mehrerer möglicher Wege
Hindernisse ausräumen	Was muss dafür getan werden?
Schlusspunkt	Wie gehen wir jetzt vor? Maßnahmen festlegen

Die Weg-Ziel-Argumentation eignet sich dafür, ein Zukunftsszenario zu entwickeln und eine Gruppe von Zuhörern für ein positives Ziel zu begeistern. Je realistischer der Weg dahin gezeichnet wird, desto leichter wird die Überzeugungsarbeit fallen.

Nachdem wir die Argumentationsgliederungen betrachtet haben, können wir nun einen Blick auf die Frage werfen, welche unterschiedlichen Arten von Argumenten selbst es gibt und wie sie sich jeweils einsetzen lassen.

Typen von Argumenten

Um zu verstehen, was genau als Argument dienen kann, können wir uns die Leitfrage stellen, womit und wodurch genau wir unsere Meinungen und Positionen begründen und absichern können (vgl. auch WILHELM, EDMÜLLER 2003).

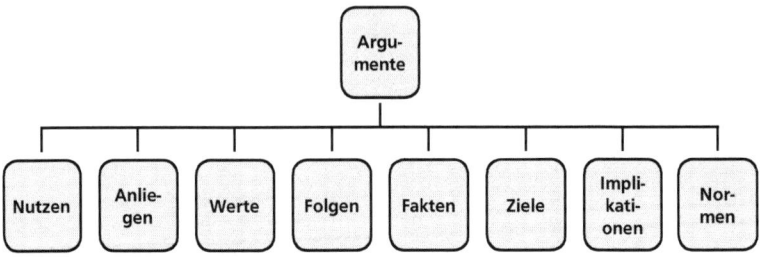

Abb. 10: Typen von Argumenten, die überzeugen können

Für den Demonstrationseffekt werden wir für eine Position einmal sämtliche Argumentationstypen anwenden, wobei natürlich in der Praxis der Einsatz der Argumentationstypen von den Inhalten der Position als auch vom Präsentationsanlass und der Zielgruppe abhängt. Daher sind unsere Beispielsätze nicht alle gleichermaßen praxistauglich bzw. überzeugend. Zudem ist es empfehlenswert, sich auf die passenden und zugkräftigsten Argumente zu beschränken und sich an den Erwartungen der Zuhörer zu orientieren.

»Wir sollten daher in den nächsten zwei Monaten mit der Entwicklung und Einführung eines Beschwerdemanagements beginnen.«	
Nutzen	»Damit dokumentieren wir eine neue Kundenorientierung und können Beschwerden für die eigene Weiterentwicklung auswerten.«
Anliegen	»Denn schließlich wollen wir doch, wie in unserem Leitbild verankert, eine hohe Kundenzufriedenheit erreichen.«
Werte	»Denn es ist uns wichtig, Kunden ernst zu nehmen und offen für Anregungen zu sein.«

Folgen	»Damit werden wir mittelfristig Beschwerdegründe bearbeiten, Reklamationen senken und konkurrenzfähiger sein.«
Fakten	»Unsere Mitbewerber aus der gleichen Branche konnten dadurch Fehler in Kernprozessen um 35 % senken.«
Ziele	»Denn schließlich ist es ein strategisches Ziel, ein Unternehmen mit einer positiven Fehlerkultur zu werden und von den Anregungen unserer Kunden zu lernen.«
Implikationen	»Ein Beschwerdemanagement bedeutet, auch den Mitarbeitern mehr Verantwortung und einen erweiterten Handlungsspielraum zu geben.«
Normen	»Denn schließlich sind wir dazu nach DIN EN ISO 2010 verpflichtet.«

Abb. 11: Typen von Argumenten an einem Beispiel für eine konkrete Position

Sie sehen an diesem Beispiel, dass die Argumente eine unterschiedliche Überzeugungskraft besitzen. Letztlich entscheidet auch hier das Wissen um die Zielgruppe, welche Argumente wichtig sind. Nutzen Sie daher die Typen von Argumenten bereits in der Vorbereitung, um Argumente sicher auszuwählen und zu formulieren.

 Tipps:

- Entscheiden Sie sich für eine Argumentationsgliederung, die gut zum Thema passt und die die Zuhörer am ehesten akzeptieren können.
- Überfrachten Sie die Präsentation nicht mit Argumenten, sondern treffen Sie eine bewusste Auswahl und behalten Sie weitere in der Hinterhand für die Diskussion.
- Beginnen Sie mit einem starken Argument, jedoch nicht mit dem stärksten, um sich dann in der Folge nochmals steigern zu können.

ZEIGEN IST ÜBERZEUGENDER ALS REDEN

MEDIEN UND VISUALISIERUNGEN ZIELFÜHREND NUTZEN

Medien sinnvoll einsetzen

Wer etwas vorträgt oder moderiert, möchte seine Redeinhalte möglichst effizient und nachhaltig bei den Zuhörenden verankern. Da wir die meisten Informationen über den optischen Kanal aufnehmen, bietet es sich geradezu an, Redeinhalte zu visualisieren und damit plastischer zu gestalten. Dazu steht eine Vielzahl an Medien (technische Hilfsmittel), Medientypen (formale Kategorien von Medien) und Medienformaten (Formen der Aufbereitung innerhalb eines Mediums) bereit. Doch vorab haben wir für Sie die wichtigsten Tipps zusammengestellt.

 Tipps:

- Finden Sie das richtige Maß. Grundsätzlich gilt: Der Inhalt ist wichtiger als die Form. Ein mittelmäßiger Vortrag kann zwar durch eine aufwendige Optik aufgewertet werden, dennoch bleibt es ein mäßiger Vortrag. Zwar ist es eine verbreitete Zeiterscheinung, mehr Aufwand in das Aussehen von medialen Inhalten zu investieren, jedoch empfehlen wir hier ein besonnenes Vorgehen.

- Visualisieren Sie die Hauptaspekte oder ausgewählte Details, nicht sämtliche Inhalte und nicht alles in gleicher Form. Auch hier ist das passende Maß entscheidend.
- Visualisierungen sind vor allem Bilder. Machen Sie daher Ihre Visualisierungen auch bildlich. Und erzeugen Sie auch mit Ihrer Sprache Bilder in den Köpfen der Zuhörer.
- Nutzen Sie bis zu zwei Medientypen. Ein Mehr wird eher unübersichtlich.
- Nutzen Sie den Medientyp, der zu Ihnen und zum Anlass des Vortrages passt.

Medientypen bezeichnen die Kategorien, nach denen Medien formal eingeteilt werden können. So können zunächst die Dauermedien von den Kurzzeitmedien unterschieden werden. *Dauermedien* (Flip-Chart, Tafeln, Plakate) lassen wichtige Informationen, z. B. die Kernthesen während eines Vortrages präsent und für die Zuhörenden jederzeit zugänglich. *Kurzzeitmedien* (Folien, Projektionen, Videos und Dias) kommen zumeist zeitlich begrenzt zum Einsatz und eignen sich daher besonders gut für Illustrationen und Beispiele.

Ferner können *Live-Medien* von *Fertig-Medien* unterschieden werden: Fertig-Medien werden vor der Veranstaltung gestaltet, an ihnen ändert sich nichts mehr (Fertigfolien, Fertigcharts, digitale Präsentationsfolien), und von daher können sie auch wiederverwendet werden. Eine Gefahr der Fertig-Medien besteht in einer zu schnellen und übervollen Darbietung. Live-Medien hingegen werden im Prozess entwickelt und sind daher besonders einprägsam, brauchen für ihre Entwicklung allerdings auch Zeit. Beachten Sie bei der Nutzung von Live-Medien, dass Ihre Handschrift genauso vorbildlich sein sollte wie auch die Inhalte Ihrer Präsentation und die Haltung Ihrer Persönlichkeit.

Eine interessante Möglichkeit ist eine Kombinationslösung: Folien oder Charts werden zwar vorbereitet, aber live um wichtige Begriffe und Verbindungslinien ergänzt. Beginnen wir mit einer Betrachtung der wichtigsten, Ihnen zur Verfügung stehenden Medien für die Präsentation. Dabei werden wir die Vor- und Nachteile und spezielle Einsatzmöglichkeiten skizzieren.

Medien gezielt einsetzen

Kunststofftafeln, so genannte *Whiteboards*, sind zumeist Standard in Seminar und Konferenzräumen. Wandtafeln eignen sich besonders gut, wenn innerhalb einer Sitzung etwas entwickelt und im Vortrag ergänzt werden soll. Dabei steht ein klar definierter Platz zur Verfügung, und die einmal gelöschten Inhalte gehen verloren. Schaubilder auf einer Wandtafel können nicht mitgenommen werden, Arbeitsergebnissen haftet so eine gewisse Flüchtigkeit an, wenn denn nicht die Möglichkeit der Fotodokumentation besteht. Wandtafeln eignen sich daher weniger gut zum Vorbereiten von Visualisierungen. Da Wandtafeln zumeist im Querformat aufgehängt sind, eignen sie sich gut zur Darstellung von Organigrammen und Graphiken, die in der Horizontalen angeordnet sind.

Copyboards sind Whiteboards, deren Beschriftungen automatisch fixiert und dann digital ausgedruckt werden können. Ein Verlaufsprotokoll ist somit für alle sofort erhältlich und Inhalte gehen nicht verloren. Für kleinere Konferenzen, weniger für Präsentationen eignen sich Touch-Screens in Form von Tischen oder Displays für die Wandmontage (*Interactive Touch Boards*), auf denen Bilder, Dokumente und Unterlagen durch Berührung virtuell aufgerufen und verschoben werden können. Auch in diesem Bereich entwickelt sich die Technik stets weiter. Beispielsweise verbinden *Smart-Boards* die Funktion von Whiteboards mit der von Beamer-Projektionen.

Die *Wirkung* eines konventionellen Whiteboard-Einsatzes ist professionell unter der Voraussetzung, dass Sie Ihr Tafelbild ohne große Vorlagen entwickeln bzw. nur mit kurzen Blicken auf eine Vorlage »aus dem Gedächtnis« anschreiben. Zumeist sind die Überzeugungskraft und der Demo-Charakter entsprechend groß. Achten Sie bei diesem Medium unbedingt auf eine saubere Schrift in Moderationsform, die auch nur mit Stiften, die eine Keilspitze aufweisen, gelingt.

Demgegenüber ist das *Flip-Chart* eher vertikal ausgerichtet. Verschiedene Charts können während des Vortrages prozessorientiert entwickelt und als Arbeitsergebnis oder als Diskussionsgrundlage genutzt werden. Ferner kann auf entwickelten Charts im Rahmen einer Diskussion wieder zurückgegriffen werden. Flip-Charts eignen sich für Inhalte, die dauerhaft  im Raum präsent bleiben sollen, wenn sie für alle Teilnehmer gut sichtbar sind. Darüber hinaus haben Sie einen persönlichen Charakter und zeugen immer von einer individuellen Handschrift.

Nicht nur als Live-Medium, sondern auch als Fertig-Medium haben Flip-Charts noch keineswegs ausgedient. Sie wirken immer persönlich und haben zudem den Vorteil eines flexiblen Einsatzes im Präsentationsgeschehen. Sie können, versehen mit Comics, Grafiken oder Schemata auch für eine »Bühnenausstattung« sorgen, die die Inhalte noch einmal parallel visualisiert und nachhaltig bei den Zuhörern verankert.

Die *Moderationswand* (Pinnwand) dient der flexiblen, sukzessiven und kollektiven Begleitung einer Gruppendiskussion oder eines Workshops. Bei der Beschriftung von Karten oder Moderationspapier ist auf eine ausreichende Größe der Buchstaben zu achten. Die Leserlichkeit und Ordnung entsteht durch kurze Über- oder Unterlängen der Buchstaben. Es sollten keine Wörter nur in Großbuchstaben geschrieben werden. Innerhalb einer Präsentation können Sie die Moderationswand nutzen, indem Sie ein Schaubild aus vorbereiteten Karten oder anderen Elementen im Vortrag selbst dynamisch entwickeln. Zusätzlich können Sie noch Wechselbeziehungen zwischen Elementen grafisch herstellen. Eine gute Abwechslung ist beispielsweise, bestimmte Inhaltspunkte in einem bereits angesteckten Schaubild erst im Verlauf des Vortrages umzudrehen. Die entstandenen Schaubilder sind so gleichzeitig Verlaufs- und Ergebnisprotokoll.

Die konventionellen *Overheadfolien* sind mittlerweile keineswegs out. Sie sind gute Visualisierungshilfen in größeren Runden und bei Vorträgen vor einem großen Publikum. Sie haben gegenüber digitalen Folienprojektionen auch Vorteile: Es besteht die Möglichkeit, auf dem Projektor Schaubilder im Verlauf zu entwickeln oder handschriftlich zu ergänzen. Eine Kombination aus vorbereiteten Folien und handschriftlichen Ergänzungen ist eine gute Möglichkeit, Abwechslung in einen Vortrag zu bringen. Durch die Overlay-Technik (Übereinanderlegen mehrerer Folien) können komplexe Sachverhalte sukzessive visualisiert werden, seien es Bilder, Grafiken oder Tabellen. Der Overhead-Projektor eignet sich für die Projektion von Grafiken und Diagrammen, die als fertige Folien aufgelegt werden können. Ein Vorteil gegenüber digitaler Projektion ist möglicherweise auch das Hochformat und eine Übernahme von einem Layout, das auf digitalen Folien auf diese Weise so nicht möglich ist.

Computerbasierte und *digitale Präsentationen* für Vorträge können mit Präsentationssoftware (z. B. mit Power-Point, Impress und anderen) professionell hergestellt werden und sind zumeist grafisch anspruchsvoll. Der entscheidende Vorteil liegt in der Gestaltungsmöglichkeit eines einheitlichen Corporate Designs, das sehr unterschiedliche Elemente vereint. Die Möglichkeit der Animationen, optischen wie akustischen Effekte erhöht den Aufmerksamkeitsgrad des Publikums. Für spontane Entwicklungen von Schaubildern eignen sich Power-Point-Folien nicht. Ihre Geschlossenheit und Perfektion der Darstellung lassen keinen Raum für Improvisationen, so dass dieses Medium sich für eine geschlossene Vortragssituation eignet, die einen optisch-ästhetischen Gesamtauftritt erfordert. Ein Zuviel an Folien hintereinander kann Zuhörer überfordern, und zu viel Perfektion erzeugt manchmal auch Widerstände gegen ein Thema.

Tipps:

- Anlass, Thema und Persönlichkeit bestimmen den Medienauftritt.
- Nutzen Sie die Medien dazu, ausschließlich Ihre Kernbotschaften zu akzentuieren.
- Achten Sie darauf, dass Visualisierungen und Ausführungen zusammenpassen.

Das Medienzeitalter schlägt zurück

Medien haben mittlerweile alle Bereiche erobert und die so genannte Nutzerkompetenz hat vor allem in der jüngeren Generation in den letzten Jahren rasant zugenommen. Und dennoch sind Medien stets nur Medien im wortwörtlichen Sinne, nämlich »Mittel« und »Vermittlungsinstrumente«, und wir sollten nicht der Gefahr erliegen, sie um ihrer selbst willen zu benutzen und sie mit den Inhalten zu verwechseln.

Und genau dieses geschieht tagtäglich, in Unternehmen, in der Weiterbildung und in Präsentationen aller Art. So wichtig ein überzeugender Medieneinsatz ist, lassen Sie diesen nicht zum Selbstzweck werden.

Ein weiterer verbreiteter Irrtum hängt mit einer dreifach unterschiedlichen Begriffsverwendung des Begriffes »Medienkompetenz« zusammen. In der Tradition kritischer Medienbetrachtung seit den siebziger Jahren des letzten Jahrhunderts wird Medienkompetenz in pädagogischen Zusammenhängen vornehmlich dazu verwandt, eine kritische Sichtweise auf die Medien als Institutionen bzw. ihre Produkte zu entwickeln und mit den Medienprodukten analytisch verfahren zu können.

In zeitgenössischer Verwendung hat sich der Begriff eher auf eine reine Anwenderkompetenz von Darstellungsmedien verengt, die jeder Nutzer für seine persönlichen Anwendungen gebraucht (Computer, Programme, digitale Medien, Internet), wobei sogar sehr häufig eine kritisch-analytische Betrachtung dieser Nutzung unterbleibt.

Medienkompetenz als berufliche Methodenkompetenz schließlich ist die kompetente Nutzung sämtlicher (alter wie neuer, analoger wie digitaler) Medien für Präsentationszusammenhänge oder Wissensvermittlung. Also nicht nur Flip-Charts oder Folien kompetent zu erstellen, sondern sie auch zielgenau und stimmig in Präsentationszusammenhängen einzusetzen.

Letztgenannte Medienkompetenz sollte also nicht allein darin bestehen, dass der Referent sein souveränes Können im Umgang mit Medien vorführt, sondern dass er sie in den Dienst seines Themas stellt und zielführend mit ihnen arbeitet.

Medienkompetenz heutzutage ist vor allem Bescheidenheit in der Anwendung von Medien zugunsten des Themas.

Medien und Interaktion – wie Medien lebendig wirken

Nur der Vortragende, der sich bei dem Einsatz der gewählten Technik wohl fühlt, ist derjenige, der den Medien auch Leben einhauchen kann. Wie oben beschrieben gibt es Medien, die in bestimmten Situationen lebendiger wirken als andere. Beispielsweise strahlt die Vorführung eines Films Lebendigkeit aus, da es sich um bewegte Bilder und häufig auch um die Erzählung einer Geschichte handelt. Wo Bewegung ist, ist auch Lebendigkeit. Wenn Sie sich nun dafür entscheiden, einen Film zu zeigen, steht das Medium Film im Vordergrund und Sie ziehen sich für die Dauer des Films in den Hintergrund zurück. Eine entsprechende Anmoderation des Films kann auch Sie in Szene setzen. Erzählen Sie im Vorwege, welche Motivation Sie haben, genau diesen Film zu zeigen oder wie der folgende Film entstanden ist, welchen Bezug er zum Thema hat oder wie Ihre persönlichen Beweggründe dazu sind. Einen längeren Film zu zeigen kann jedoch zur Konsequenz haben, das Publikum an den Film zu verlieren, und der Vortragende könnte damit zu einer Randfigur verkümmern.

Anschauungsmaterial macht lebendig.

Es ist wichtig, bei der Auswahl des Mediums zu beachten, dass es die Zielsetzung des Vortragenden ist, das Publikum sowohl zu informieren als auch zu überzeugen, indem er sein Wissen, die Mittel und den Überzeugungswillen verantwortungsvoll und zielgerichtet einsetzt. Es besteht auch die Gefahr, diese Zielsetzung und Verantwortung an ein Medium abzugeben, so dass der Vortragende hinter seinem Medienaufgebot nicht mehr sichtbar ist.

Der Einsatz des Mediums Film soll veranschaulichen, wie es sich erfahrungsgemäß mit der Lebendigkeit von Medien verhält. Die Konzentration auf das Medium kann, wie spannend das Medium auch ist, dazu führen, dass Sie als Person mit Ihrer Überzeugungskraft in den Hintergrund treten und Sie sich in den Dienst der Technik stellen. Stellen Sie die Technik vielmehr in Ihren Dienst. Lebendigkeit kann nur dann entstehen, wenn Sie sich mit der Entscheidung für ein Medium auch wohl fühlen, wenn Sie das Medium technisch beherrschen, Sie das Medium für sich und das Thema als passend erachten und die Inhalte sichtbar bleiben.

Das Medium Flip-Chart kann beispielsweise vom Publikum als sehr lebendig empfunden werden, da vom Vortragenden in der Interaktion mit den Zuhörern Inhalte erarbeitet und visualisiert werden können. Nun scheitert der Einsatz eines Flip-Charts oft an dem Argument, dass die eigene Schrift nicht schön genug sei. Es ist für viele Menschen ungewohnt, in großer Schrift auf begrenztem Raum mit einem dicken Filzstift zu schreiben. Hier wäre beispielsweise eine Möglichkeit, Charts in Struktur und Form vorzubereiten bzw. vorschreiben zu lassen oder Sie bitten jemanden aus dem

Plenum, diesen Part des Mitschreibens zu übernehmen. Sollte jedoch der Wunsch vorhanden sein, den Prozess selbst visualisieren zu wollen, gibt es Möglichkeiten, die Schrift und die Anwendung zu erlernen. Für den Lernerfolg spielt jedoch die eigene Motivation, die Einsicht der Notwendigkeit und die Erkenntnis der Vorteile eines Einsatzes der Flip-Chart für das Thema und für die Überzeugungsarbeit eine große Rolle.

Wie kann zum Beispiel der Einsatz eines Overhead-Projektors als lebendig erlebt werden? Ein Overhead-Projektor gilt oft als veraltet und nicht mehr zeitgemäß. Und trotz allem ist dieses Medium aus den oben genannten Gründen noch im Einsatz. Gerade an diesem Medium möchten wir Lebendigkeit etwas kritisch betrachten. Die Möglichkeit, komplexe Inhalte schrittweise durch Übereinanderlegen mehrerer Folien zu entwickeln, ist, wie schon beschrieben, vorteilhaft. Die Methode, mit einem Blatt Inhalte erst einmal abzudecken, wird gerne angewandt und ist vielen aus der Schulzeit oder dem Studium bekannt. In Power-Point-Präsentationen findet sie Anwendung, indem sich die Inhalte auf einem Chart erst schrittweise per Klick zeigen. Diese Methode kann von den Zuhörern einerseits als stark führend bis bevormundend und andererseits auch als spannend empfunden werden. Der Einsatz ist Geschmackssache und letztlich von den zu vermittelnden Inhalten abhängig. Wichtig ist, sich dieser Wirkung bewusst zu sein.

Nicht jede Interaktion bedeutet auch Lebendigkeit. Es ist stets zu entscheiden, ob der Wunsch nach Lebendigkeit zum Stress werden kann. Beispielsweise könnte die eben beschriebene Methode es dem Vortragenden erschweren, sein Publikum mit einzubeziehen. Denn für einen reibungslosen Ablauf einer sich schrittweise aufbauenden, bereits vorbereiteten Visualisierung müssten die Zuhörer genau die passenden Inhalte in der vorbereiteten Reihenfolge nennen. Bei Inhalten, die abzuprüfen sind, ist diese Methode geeignet, in anderen Fällen könnte es eher für alle Beteiligten verwirrend sein. Der Vortragende könnte unstrukturiert und nervös wirken, da die genannten Inhalte auf den vorbereiteten Karten gesucht werden oder der Vortragende in der Power-Point-Präsentation suchend vor- und zu-

Lebendigkeit durch Interaktion mit dem Publikum.

rückklickt. Wenn die Formulierungen der Zuhörer von den vorbereiteten Formulierungen abweichen, könnte gar der Eindruck entstehen, dass das Gesagte doch nicht ganz richtig sei.

Interaktion mit dem Publikum ist ein Zeichen von Souveränität. Es sollte sich der Vortragende jedoch in seiner Vorbereitung genau überlegen, welche Inhalte von ihm vorzutragen und welche Inhalte im Dialog mit dem Publikum gemeinsam zu erarbeiten sind. Die Auswahl des Mediums und der Methode sind für die Zielsetzung der Präsentation von großer Bedeutung.

Ein weiteres Beispiel von Lebendigkeit ist der Einsatz der Animationsfunktion bei Power-Point-Präsentationen. Diese Funktionen sollen, wie der Name schon sagt, unterhaltend und spannend auf das Publikum wirken. Eine Präsentation könnte durch die animierten Folien effektvoller und moderner erscheinen. Jedoch sind bei der Animation unbedingt das Maß und das Ziel zu beachten. Ein Feuerwerk an animierten Folien, die zwar die Absicht dahinter klar erkennen lassen, kann man als ein Beispiel von Infotainment werten. So können überladene bunte Folien mit Animationen und Geräuschen verspielt bis inkompetent wirken. Die Inhalte werden überdeckt von der Darstellung. Der Vortragende hat kaum noch eine Funktion. Es entsteht und bleibt der Eindruck, dass sich der Vortragende mit dem Medium bestens auskennt, jedoch das Ziel seiner Präsentation trotz hohen technischen Aufwands auf diesem Wege nicht erreicht. Daher ist weniger oftmals mehr, auch wenn Menschen sich gerne einmal ablenken und unterhalten lassen.

Letztlich ist alles erlaubt, wenn durch die Art und Weise der Darbietung das Ziel der Präsentation erreicht wird und die vortragende Person souverän und überzeugend auf das Publikum wirkt.

Die Lebendigkeit eines Mediums kann nur entstehen, wenn sich der Vortragende mit der Technik wohl fühlt und sie beherrscht.

Alles gecheckt? – Die Auswahl der Medien

Sie können für die konkrete Vorbereitung Ihrer Präsentation unsere Checkliste nutzen, die jeweils für drei wichtige Medien verschiedene Charakteristika zusammenfasst und in Beziehung setzt zu Anlass, Thema und Persönlichkeit. Damit können Sie bereits im Vorfeld entscheiden, welches dieser Medien am besten passt bzw. welches Medium Sie an welcher Stelle Ihrer Präsentation nutzen wollen.

Flip –Chart Fertig- & Live-Medium, Dauer- & Kurzzeit-Medium	Anlass		Thema		Persön- lichkeit		Alterna- tive
	+	–	+	–	+	–	
1. Interaktiv und prägnant							
2. Flexibel im Prozess							
3. Dauerhaft sichtbar							
4. Individuell und persönlich							
5. Sichtbar im Raum							
6. Anschaulich und konkret							
7. Technisch unabhängig							
8. Veranschaulichend							
9. Klar und übersichtlich							
10. Lebendig und Kreativ							

Overhead Fertig- & Live-Medium eher Kurzzeit-Medium	Anlass		Thema		Persön- lichkeit		Alterna- tive
	+	–	+	–	+	–	
1. Sichtbarkeit							
2. Sachlichkeit							
3. Flexibilität in der Handhabung							
4. Vorbereitung und Ordnung							
5. Ergänzungsmöglichkeit im Prozess							
6. Grafiken und Fotos							
7. Ausführlichkeit der Darstellung							
8. Farbigkeit							
9. Corporate Design							
10. Präziser Einsatz der Folien							

PC Fertig-Medium (dynamisch veränderbar) Kurzzeit-Medium	Anlass		Thema		Persön- lichkeit		Alterna- tive
	+	–	+	–	+	–	
1. Professionalität							
2. Sachlichkeit							
3. Multi-Media-Fähigkeit							
4. Vorbereitung und Ordnung							
5. Corporate Design							
6. Technikbedarf							
7. Frontalität							
8. Komplexität der Darstellung							
9. Flexibilität der Darbietung							
10. Lebendigkeit (Fotos, Filme etc.)							

Abb. 12: Checkliste für den Medieneinsatz

DIE ANKER-STRUKTUR FÜR AUSSTRAHLUNG UND PERSÖNLICHKEIT

DIE SOUVERÄNITÄT STEIGERN DURCH KLARHEIT UND REFLEXION

Zu Beginn unserer Seminare erfragen wir stets die Zielsetzung unserer Teilnehmer. Häufig wird der Wunsch genannt, insbesondere an der Verbesserung der persönlichen Ausstrahlung, Wirkung und der Souveränität arbeiten zu wollen.

Aus unserer Erfahrung heraus können wir bestätigen, dass die positive Wirkung der Mitarbeiter innerhalb von Unternehmen häufig von vor allem drei Faktoren beeinflusst wird, die sich gegenseitig bedingen:

- ihrer erbrachten Leistung,
- ihrem Image sowie dem persönlichen Stil,
- dem Gesehenwerden und Auffallen.

Ein Mitarbeiter, der viel für das Unternehmen leistet und zudem noch eine sympathische Ausstrahlung hat, fällt auf und wird von allen gern gesehen. Oft werden diese Mitarbeiter als souverän oder sogar als charismatisch beschrieben.

Souveränität wird als Begriff häufig als Erfolgsfaktor in unterschiedlichsten Zusammenhängen genutzt. Als vermeintlich feststehende Persönlichkeitseigenschaft soll sie nicht selten im Alltag Erfolge, aber auch Misserfolge erklären, wenn jemand mit einer Situation nicht souverän umgegangen ist. Diese Erklärungsversuche sind für die Entwicklung einer Person nicht sehr hilfreich, da sie ausschließlich die vermeintlich feststehende Wirkung und nicht die Fähigkeiten und Qualitäten bzw. die Signale und Zeichen eines

Menschen beschreibt und damit eine dynamische Veränderungsmöglichkeit eher ausschließt.

Souveränität ist eine hochgradig positiv bewertete und wünschenswerte Wirkung einer Person, die oftmals als Eigenschaft gesehen wird und der erfolgreichen Gestaltung beruflicher und privater Situationen dient. Der Begriff Souveränität umschreibt die Fähigkeit, eine Situation zu beherrschen und konstruktiv und wertschätzend für eigene Zielsetzungen zu gestalten.

»Wie wirke ich souverän?«

Den Wunsch, neben leistungsstark auch als souverän zu gelten, haben viele Menschen – sowohl im beruflichen als auch im privaten Umfeld.

Wie entsteht Souveränität? Und wie kann die souveräne Wirkung gesteigert werden? Die Leistung eines Mitarbeiters wird häufig mit dem Image und dem ihm vorauseilenden Ruf verknüpft. Wurde das bisherige Auftreten als souverän empfunden, wird auch die aktuell erbrachte Leistung entsprechend anerkannt. Wenn ein eher schüchterner und unsicherer Mitarbeiter seine Leistung präsentiert, wird oftmals die Art und Weise des Vortrags nicht von den dargebotenen Inhalten in der inneren Bewertung der Zuhörer getrennt.

Im zwischenmenschlichen Umgang wird meist Sicherheit und Überlegenheit einer Person als Souveränität empfunden. Nur welche Faktoren spielen hier eine vorrangige Rolle?

Der von Teilnehmern geäußerte Wunsch, die Souveränität zu steigern, hat uns bewogen, eine Struktur zu entwickeln, die helfen soll, sich der Wirkungsfaktoren bewusster zu werden. Es geht dabei im Grunde nicht darum, seine Persönlichkeit in Frage zu stellen, sondern es geht darum, neugierig sich selbst zu betrachten, um an eher kleinen Dingen etwas zu verändern. Erfahrungsgemäß können auch bereits kleine Veränderungen eine große Wirkung erzielen.

So soll die ANKER-Struktur beispielhaft aufzeigen, was genau auf welche Weise und in welcher Form auf andere wirken kann. Um souverän und vor allem glaubwürdig von Kollegen, Chefs und Mitarbeitern bewertet zu werden, haben wir folgende Faktoren aus unserer eigenen Erfahrung heraus entwickelt. Auch hierbei handelt es sich um ein Bild und ein Akronym:

- Authentizität,
- Neugierde,
- Kompetenz,
- Engagement und
- Respekt

Es gibt darüber hinaus sicher weitere Aspekte, die auf die Souveränität einwirken können. Beispielsweise werden häufig im Zusammenhang mit einer souveränen Wirkung auch das Selbstbewusstsein und das Selbstvertrauen eines Menschen genannt. Nach unserem Verständnis fördert das eine das andere. Die genannten Wirkungsfaktoren werden davon beeinflusst, wie der Mensch sich selbst einschätzt und empfindet, wie die Beziehung der Menschen zueinander ist und welche Kultur in dem System vorherrscht, in dem sie sich befinden und bewegen.

Oft wird die eigene Wirkung und der damit verbundene Erfolg anhand der Reaktionen anderer bewertet. Auch wenn eine positive Einschätzung anderer erfolgt, lässt der anschließende selbstkritische Blick dann den Wunsch nach noch mehr Souveränität wachsen.

Was beeinflusst die Bewertung der anderen – was passiert zwischen den Menschen und wie funktioniert diese Bewertung? Wir Menschen nehmen über unsere Sinnesorgane unsere Umwelt wahr und im gleichen Zuge werden diese Daten auch interpretiert und bewertet. Alles, was wir sehen, hören, riechen, schmecken und ertasten, wird mit unseren Werten, Erfahrungen, Erinnerungen und unserem Wissen unbewusst angereichert. Erst dann reagieren wir auf diese Wahrnehmungen. Was in welchem Maße zur Bewertung hinzugezogen wird, ist vor allem davon abhängig, ob wir ähnliche Situationen schon erlebt und bewertet haben.

Zu Beginn einer jeden Begegnung und eines jeden Gespräches wird zunächst die Glaubhaftigkeit des Gegenübers innerhalb von ungefähr einer Sekunde eingeschätzt. Diese Analyse geschieht unbewusst und über den Gesichtsausdruck, wobei besonders die Augen und die Mundstellung bewertet werden. Weitere Aspekte der Bewertung sind der Tonfall und die Körperhaltung, sogar der Körpergeruch spielt eine Rolle, um eine Entscheidung über die Glaubwürdigkeit des Gegenübers zu fällen. Der englische Sozialpsychologe MICHAEL ARGYLE (2005) untersuchte dieses Verhalten genauer im Anschluss an die vorausgehenden Studien von MEHRABIAN (1971),  dass wir Menschen zu fünfundfünfzig Prozent auf die Gestik und Mimik des Gegenübers achten und diese bewerten, zu achtunddreißig Prozent spielt die Stimme und der Tonfall in der Bewertung eine Rolle und lediglich zu sieben Prozent wird auf den Inhalt, das eigentliche Thema, geachtet. Dieses Ergebnis ist nicht ganz überraschend, wenn man bedenkt, dass es alte Sprichwörter gibt wie »Kleider machen Leute« oder »Der Ton macht die Musik«.

Zu bedenken ist allerdings, dass der Inhalt nicht unwesentlich für den Zuhörer ist, sondern dass Menschen unbewusst darauf achten, ob das Gesagte – also der Inhalt – zu der Mimik und Gestik passt. Menschen unserer Kultur glauben aufgrund ihrer Prägung unbewusst eher dem Kopfschütteln, auch wenn unser Gesprächspartner »Ja«

Der erste Eindruck ist wesentlich.

sagt. Wir erkennen dann eher das »Nein« und reagieren darauf, indem wir bestenfalls nachfragen oder innerlich unser Gegenüber als unstimmig empfinden und ihm nicht unbedingt Glauben schenken können. Genauso verhält es sich mit dem Tonfall. Ein Kompliment, ausgesprochen mit einer monotonen Stimme, extrem langsam und leise, lässt vermuten, dass derjenige es doch nicht wirklich so gemeint haben kann. Der Satz »ich freue mich, heute hier sein zu können« kann mit unterschiedlicher Betonung, ob laut, leise, schnell oder langsam gesprochen, sehr unterschiedliche Bedeutungen bekommen.

Interessant ist, dass genau in dieser unbewussten Kontrolle der Übereinstimmung von verbalen Äußerungen mit der Körpersprache, wenn wir dies bewusst einsetzen, eine Art des Humors entsteht: die Ironie. In dieser Humorform wird bewusst die Mimik und Gestik und der Tonfall nicht passend zum Inhalt dargeboten. Zum Beispiel reißt jemand die Hände in die Luft und ruft mit einem Lachen aus: »Ich habe gerade beim Tennismatch verloren!« Die Siegergeste mit einem verlorenen Match zu kombinieren, kann nun auf vielfältige Weise interpretiert werden:

- ihm war das Match nicht wichtig
- er kann also nicht wirklich verlieren
- er nimmt sich selbst nicht so wichtig
- er wollte verlieren
- …

Es gibt sicher noch viele Möglichkeiten, dieses Verhalten zu interpretieren. Die Geste und der Tonfall stimmen deutlich nicht mit dem Inhalt der Aussage überein. Deshalb können Kinder, die gerade lernen, wie Übereinstimmung bei den Menschen funktioniert, Ironie nicht verstehen und sind nach einer ironischen Äußerung eher verwirrt und wissen nicht, was sie nun tun sollen. Nicht nur Kindern geht es so – auch viele Erwachsene sind der Ironie gegenüber nicht gerade positiv aufgeschlossen, weil sie in dem Moment von ihrem Gesprächspartner keine eindeutigen Signale empfangen. Wenn die Gesten oder der Ton nicht zum Inhalt passen, kann es aufgesetzt, unnatürlich und teilweise unglaubwürdig wirken und den anderen – gewollt oder ungewollt – verunsichern.

Stimmen die Mimik, die Gestik, der Tonfall und der Inhalt überein, wirkt eine Person oft natürlich. Denjenigen halten wir dann für glaubwürdig und wir lassen uns auch von ihm gerne überzeugen. Menschen streben oft nach Perfektion. Alles muss stimmen – keine Fehler dürfen passieren. Es stellt sich jedoch die Frage, ob absolute Perfektion – was auch immer das ist – jemanden auch sympathisch wirken lässt. Zu perfektes Auftreten kann die Überzeugungskraft eines Vortragenden beeinträchtigen. Denken wir an Verkäufer, die als zu »aalglatt« bezeichnet werden oder an Nachrichtensprecher, die durch ihre ungewollten Versprecher sympathischer erscheinen als zuvor. Wie das Sprichwort schon sagt: »Fehler sind menschlich.« Fehler zu machen, sich zu versprechen oder womöglich den Faden zu verlieren, können also auch Sympathiefaktoren sein. Das gesetzte Ziel, eine perfekte Präsentation zu halten, ist nur gut, solange sich der Vortragende auch kleine Fehler zugestehen kann. Präsentationen werden oft gehalten, um nicht ausschließlich zu informieren, sondern vor allem die Menschen zu erreichen und zu überzeugen.

Die Überzeugungskraft liegt, wie wir in den vorhergehenden Kapiteln erörtert haben, in der guten Vorbereitung, der Struktur, der Argumentation, der Visualisierung und der wertschätzenden und zielgruppenorientierten Darbietung der Inhalte. Sollte allein das Thema überzeugen, bräuchten wir lediglich ein Skript, ein Handout, einen Aufsatz an die Empfänger zu übermitteln. Wozu sollte dann noch eine Person, ein Mensch dieses Thema vortragen? Präsentationen sind heutzutage üblich und die Frage nach ihrer Notwendigkeit stellt sich selten. Das hat sicher Gründe. Die vortragende Person hat eine Rolle und eine Funktion. Sowohl die Rolle, die Funktion als auch der Mensch selbst werden einen entsprechenden Einfluss auf die Zuhörer haben. Oft eilt einem Vortragenden auch ein Ruf voraus – auch hier werden Erfahrungen und Erinnerungen für eine Bewertung zu Rate gezogen: »Der ist jemand, dem ich gerne zuhöre«, oder: »Der veranstaltet grundsätzlich eine Folienschlacht«, oder: »Die hält sich nie an die vorgegebenen Zeiten…« All diese Kriterien sind Erfahrungen, die maßgeblich auf das Verhalten und die Bereitschaft der Zuhörer, sich überzeugen zu lassen, einwirken können.

Als Vortragender weiß man
nicht selten, dass jemand im Publikum ist, der der eigenen Person, aus welchen Gründen auch
immer, besonders kritisch gegenüber steht. So wird es trotz
guter Vorbereitung, bester Argumente und Struktur schwer sein,
diesen Menschen zu überzeugen. Bei jeder Begegnung – auch
in einer Präsentationssituation –
trennt der Mensch oft nicht zwi-

Eine gute Beziehung schafft Akzeptanz.

schen der Sache und der Beziehung. Sollte in der Vergangenheit
beispielsweise der gegenseitige Respekt verletzt worden sein, wird
es schwierig, Überzeugungsarbeit auf sachlicher Ebene zu leisten.
Wie schon in dem Kapitel zur Auftragsklärung beschrieben, ist es
wichtig, die eigene Haltung und auch die Beziehung zum Publikum
und zu wichtigen Entscheidern zu überprüfen und gegebenenfalls
im Vorwege zu klären, um nicht vor dem Publikum einen schwe-
lenden Konflikt austragen zu müssen.

Anhand der ANKER-Struktur möchten wir aufzeigen, welche
Möglichkeiten der Vortragende hat, um souverän und überzeugend zu wirken. Diese Wirkung kann erzielt werden, wenn derjenige sich auch selbst so fühlt. Und das heißt, nicht nur souverän zu
wirken, sondern sich auch als souverän zu empfinden. Jedes Verhalten entsteht durch eine innere Haltung und die innere Einstellung.

Die ANKER-Struktur beschreibt die Wirkung und Haltung einer vortragenden Person. Die Wirkung ist das, was bei den Zuhörern entsteht – das Fremdbild. Die innere Haltung entsteht durch
Gefühle, Werte, Bewertungen und Überzeugungen. Jede Wirkung
wird auf unterschiedlichste Weise durch ausgesandte Signale her-
vorgerufen – und sicher nicht bei allen Menschen in gleicher Art
und Weise. So kann auch eine bestimmte Wirkung nicht bei allen
Menschen einen garantiert positiven Anklang finden. Und was

der eine als Selbstbewusstsein empfindet, kann bei einem anderen möglicherweise als arrogant ankommen.

Wir können jedoch durch die Kenntnis der Signale und deren Wirkung die Überzeugungskraft einer Präsentation positiv beeinflussen. Die ANKER-Struktur soll Sie darin unterstützen, sich vor und während der Präsentation ihrer Wirkungen bewusster zu werden. Wir möchten noch einmal an dieser Stelle darauf hinweisen, dass durch kleine Veränderungen an den Signalen schon große Wirkungen erzielt werden können. Es geht darum, seine Persönlichkeit zum Strahlen zu bringen, souverän und überzeugend zu wirken und bewusst Signale einzusetzen, die einen positiven Einfluss auf den Vortragenden selbst und seine Überzeugungskraft haben.

Die ANKER-Struktur gibt eine Orientierung, welche Signale auf welche Weise wirken können, um die Souveränität und die Ausstrahlung eines Vortragenden bewusst zu stärken.

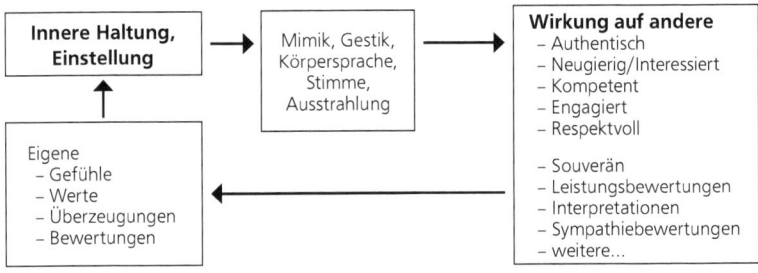

Abb. 13: Der Einfluss und die Rückwirkung der inneren Haltung auf die Außenwirkung

Der Begriff »Selbstmarketing« ist bei einigen Menschen eher negativ behaftet. Oftmals wird er einseitig negativ reduziert auf »sich immer gut verkaufen müssen« oder auch sich auf Kosten der eigenen Persönlichkeit »anzupreisen« und damit die Glaubwürdigkeit vor sich selbst und vor anderen zu verlieren. Unser Verständnis von Selbstmarketing beachtet die bereits oben angesprochenen Aspekte der Übereinstimmung (Kongruenz) in zweifacher Hinsicht,

 und zwar sowohl bei Inhalt und Darstellungsform (Sache) wie auch bei Haltung und Verhalten (Mensch). Die vermittelten Sachverhalte müssen ihrerseits in einer kongruenten Beziehung zum ganzen Menschen stehen, um Überzeugung mit Echtheit und Glaubwürdigkeit zu verbinden.

Selbstmarketing ist somit eine kontinuierlich wirkende Präsentation einer Person im Arbeitsalltag innerhalb von Organisationen und Unternehmen unter Beachtung der oben beschriebenen Übereinstimmung in Sache und Mensch.

Natürlich Eindruck machen!

A NKER

A – Authentisch

Was genau macht einen Vortragenden authentisch?

Das Wort »authentisch« heißt wörtlich übersetzt »echt, original, zuverlässig«. Häufig wird es auch als Synonym für Echtheit, Ehrlichkeit, Natürlichkeit genutzt.

Gerade diese Synonyme zeigen, wie stark die Authentizität auf die Glaubwürdigkeit einer Person Einfluss nehmen kann. Wie echt und ehrlich jemand erscheint, ist, wie zu Beginn des Kapitels beschrieben, vor allem davon abhängig, ob die Mimik, Gestik und der Tonfall mit den dargebotenen Inhalten übereinstimmen.

Gerade in großen Räumen und Sälen kann es sehr hilfreich sein, sich entsprechender Medien und Technik zu bedienen. Die »normale« Mimik, Gestik und der Tonfall kann an die Umgebung angepasst werden, ohne sie zu verstellen. Um die Lautstärke der Stimme zu verstärken, hilft beispielsweise ein Mikrofon, denn lauter als gewohnt zu sprechen, kann sehr anstrengend werden und auch die gewohnte Stimmmelodie und Betonung verändern. Ähnlich verhält es sich mit den Gesten. Eine Kamera mit Leinwand kann den Vortrag und den Vortragenden »vergrößern«. Große ausladende Gesten auf großen Bühnen werden von Schauspielern genutzt, um auch dem Publikum in der hintersten Reihe die zu vermittelnde Rolle deutlich zu machen. Diese Art der Darbietung ist nicht für jeden geeignet. Nicht jedem Menschen liegen große Gesten. Und vor allem können auch kleine Gesten wirkungsvoll und passend sein. Jedoch ist es schade, wenn diese dann vom Publikum nicht gesehen werden können. Auch hier ist eine technische Unterstützung von Vorteil, um die passenden Gesten der vortragenden Person auch für alle im Publikum sichtbar zu machen.

Authentizität im Kontext einer Präsentation bedeutet, sich ehrlich gegenüber sich selbst und gegenüber den zu präsentierenden Inhalten zu positionieren. Das heißt, schon im Vorwege überprüft zu haben, ob die Inhalte auch zu den **eigenen Überzeugungen** und **Werten** passen. Wenn diese innere Übereinstimmung nicht gegeben ist, wird das Publikum es bemerken und die Überzeugungskraft des Vortragenden wird sich reduzieren. Ein Beispiel für ein Zeichen von Authentizität ist insbesondere **die Stimme.** Sie wirkt auf viele Menschen angenehm durch eine angemessene Lautstärke, in einer angemessenen Tonlage, eher melodisch und betonend als monoton, in einer angenehmen Sprechgeschwindigkeit und einer deutlichen Aussprache. **Die Gestik,** ein weiteres Beispiel für ein Zeichen von Authentizität, sollte zu der Person passen. Die Hände unterstützen und begleiten die Inhalte und haben eine Ruheposition. Der Blickkontakt zum Publikum und ein echtes Lächeln, entsprechend der Situation, gelten als angemessene **Mimik.** Auch die **Bewegung** im Raum sollte dem Thema entsprechen und zur Person passen.

Wenn sich der Vortragende dem Repertoire seiner Stimme bewusst ist, kann er sie auch entsprechend einsetzen. Wenn wir uns wohl fühlen, kann die Stimme schwingen, in abwechslungsreicher Melodie und Sprechgeschwindigkeit, in unterschiedlicher Lautstärke und mit passender Betonung. Die Art und Weise zu sprechen und zu intonieren, wirkt dann aufgrund unserer guten Stimmung natürlich. Erinnern wir uns daran, wie uns Geschichten und Märchen von unseren Eltern oder Großeltern vorgelesen wurden. Mit Spaß und Spannung haben wir zugehört, mitgefiebert und das Märchen oft sogar als wahr empfunden.

So wie die Stimme Ausdruck unserer **Stimmung** sein kann, wirkt unsere Körpersprache als Ausdruck unserer **inneren Haltung**. Straffe Schultern und ein aufrechter Rücken kennt unser Körper von Situationen, in denen wir uns konzentrieren, uns aufrichten und loslegen wollen. Diese Körperhaltung kann auch eine Rückkopplung bewirken und uns **Energie** verleihen, auch wenn wir nervös und aufgeregt sind.

 Tipps:

- Achten Sie darauf, dass die zu präsentierenden Inhalte zu Ihren eigenen Werten und Überzeugungen passen.
- Sprechen Sie deutlich und in einer angenehmen Sprechgeschwindigkeit.
- Nutzen Sie Ihre Stimme mit einer abwechslungsreichen Melodie und Lautstärke.
- Halten Sie stets Blickkontakt zu Ihrem Publikum.
- Vermitteln Sie die Inhalte mit unterstützenden Gesten.
- Nutzen Sie die entsprechende Technik, wenn die Situation es erfordert.
- Lächeln Sie in einem stimmigen Ausmaß.

Neues gibt es immer!

A N KER

N – Neugierig

Was genau sind Zeichen von Neugierde innerhalb einer Präsentation?

Neugierde auszustrahlen und hervorzuheben im positiven Sinne bedeutet im Kontext einer Präsentation, auf zwei Ebenen zu agieren: als Vortragender neugierig zu sein und das Publikum neugierig zu machen.

Wir möchten in diesem Zusammenhang Neugierde auf die Weise verstehen, dass neugierig zu sein eine Steigerung von »interessiert sein« bedeutet. Wenn der Vortragende neugierig auf sein Publikum und auf dessen Reaktionen und deren Einstellungen ist, wird er auch schon in der **Vorbereitung** genau darauf achten, dass er die Präsentation insbesondere für seine Zuhörer erstellt und dass er genau die Aspekte aufzeigt, die seinem Publikum einen entsprechenden **Nutzen** bringen werden.

Der Vortragende macht sein Publikum neugierig durch die Form, Art und die Inhalte der Präsentation. Setzt er eine ansprechende **Dramaturgie** ein, die sowohl dem Publikum als auch den Inhalten angemessen ist, wird dadurch Spannung erzeugt. Auf diese Weise kann die Aufmerksamkeit und das Interesse bei dem Publikum erhöht werden. Zudem unterstützt vor allem seine eigene **Begeisterungsfähigkeit** die geweckte Neugierde. Letztlich wird den Zuhörern deutlich, dass dem Vortragenden sein Publikum wichtig ist und er den Vortrag für sie hält und auch Spaß bei der Vermittlung hat. Das wirkt überzeugend. Auch hier gibt es Beispiele für Signale und Zeichen von Neugierde, die sich teilweise mit denen der anderen Wirkungsaspekte überschneiden. Die positive Einstellung zum Publikum wird deutlich durch eine **offene Körperhaltung**, Zugewandtheit und einen ausgewogenen Blickkontakt.

Um eine aktive Beteiligung des Publikums zu erreichen, können Sie Fragen stellen und Fragen zulassen und auch Meinungen einholen.

Die Inhalte und die Gestaltung der Präsentation sollten erkennbar an die Zielgruppe angepasst und zudem noch dramaturgisch aufgebaut sein. Gerade die Stimme ist das Instrument, um Neugierde zu erzeugen, indem sie abwechslungsreich in Modulation, Lautstärke und Sprechgeschwindigkeit eingesetzt wird. Gezielte Pausen können die Spannung noch erhöhen. Weitere Möglichkeiten sind eine provokante These zu Beginn, eine Anekdote zu dem Thema und vor allem der Einsatz von Bildern, Fotos und Grafiken.

Die Spannung und die Konzentration auf den Referenten werden insbesondere dadurch erzeugt, dass bei der Begrüßung und Vorstellung der Person auf den Einsatz von Folien verzichtet wird, da die Zuhörer dann nichts ablenken kann.

Wie erwähnt, kann während der Präsentation der **Einsatz von Bildern** die Aufmerksamkeit steigern und das Publikum neugierig machen. Wenn sich der Vortragende sicher in den zu vermittelnden Inhalten ist, kann er stets den Blickkontakt zum Publikum halten und sie so mit einbeziehen und darüber hinaus auch Spannung erzeugen.

Steve Jobs, US-amerikanischer Unternehmer, Mitbegründer und langjähriger Geschäftsführer von Apple, nutzte den Einsatz von Bildern für seine erfolgreichen und mitreißenden Präsentationen: »…, [der Grund] warum Jobs stetigen Blickkontakt mit den Zuschauern halten kann, ist der, dass seine Folien meist Abbildungen enthalten. In der Regel sind auf den Folien überhaupt keine Wörter, sondern nur Fotos zu sehen. Wenn Wörter erscheinen, sind es nur wenige – manchmal nur ein einziges pro Folie. Folien mit bildlicher Gestaltung zwingen den Redner dazu, sich mit seinen Informationen an diejenigen zu wenden, für die sie gedacht sind – an die Zuschauer« (GALLO 2011, S. 276).

In diesem Zusammenhang sei erwähnt, dass in dem Wort »neugierig« das Wort »neu« steckt und, wenn man es umdreht, es »gierig auf Neues sein« heißt. Somit kann es entsprechend schwierig werden, einem Publikum ihm bekannte Inhalte zu präsentieren und trotzdem den Anspruch an sich selbst zu stellen, die Zuschauer neugierig machen zu wollen. Hier könnte es hilfreich sein, die bekannte Darstellungsform der Schriftsprache zu verlassen und mit Bildern, Filmen und Geschichten zu überraschen.

Sollten Sie einmal in die Situation kommen, die gleiche Präsentation mehrmals zu halten, überprüfen Sie vor der Präsentation Ihre Gedanken und Ihre Motivation. Auch wenn es für Sie nichts Neues ist, machen Sie sich deutlich, dass Sie die Präsentation für Ihr Publikum halten und die Zuschauer ganz gespannt darauf sind, was Sie zu sagen haben.

 Tipps:

- Präsentieren Sie Inhalte, die für Ihr Publikum neu sind.
- Nutzen Sie Bilder und Geschichten.
- Halten Sie stets ausgewogenen Blickkontakt zu Ihrem Publikum.
- Achten Sie auf eine offene Körperhaltung.
- Erzeugen Sie Spannung durch gezielt eingesetzte Pausen.
- Überprüfen Sie Ihre eigene Motivation für Ihren Auftritt.

Wissen macht stark!

AN K ER

K – Kompetent

Das Publikum erwartet grundsätzlich bei einer Präsentation auch einen kompetenten Vortragenden. Wenn der Zuhörer bisher keine Erfahrungen mit dem Vortragenden gemacht hat, entscheidet er innerhalb von Sekunden über Sympathie oder Antipathie des Gegenübers. Dadurch erhält der Vortragende entweder einen Kompetenz-Vorschuss oder aber er hat seine Kompetenz während der Präsentation unter Beweis zu stellen. Was genau strahlt Kompetenz aus und welche Signale werden mit dem Eindruck von Kompetenz verbunden?

Auch hier wird **die Stimme** unbewusst zur Interpretation von Kompetenz herangezogen. Stimmen, die sehr hoch klingen und zudem noch leise sind, werden häufig als inkompetent empfunden. Ein Erklärungsversuch dafür ist, dass sich die Stimme, je älter der Mensch wird, eher in die tieferen Lagen verändert. Mit dem Alter eines Menschen verbinden wir unbewusst seinen Erfahrungsschatz und seine Reife und damit auch sein Wissen. Eine hohe und leise Stimme kann uns kindlich und jugendlich erscheinen und uns unbewusst darauf hinweisen, dass dieser Mensch weniger erfahren ist und über weniger Wissen verfügt. Jedoch entwickelt sich im hohen Alter die männliche Stimme eher wieder in höhere Lagen und die weibliche Stimme entwickelt sich in eher tiefere Lagen. Warum die Natur es so vorgesehen hat, dass die Frauen eher eine höhere und die Männer eine tiefere Stimmlage haben, ist bisher noch nicht erforscht worden. Die Bewertungen der wahrgenommenen Stimmen sind unbewusst. Nun hören wir oft, »dass ein Mensch ja nichts für seine Stimme kann«. Es gibt jedoch

Möglichkeiten, seine Stimme zu trainieren. Hier kann ein Stimm-
trainer oder Logopäde helfen.

Eine Stimme, die Kompetenz auf die Zuhörer ausstrahlt, erklingt
in einer angemessenen Lautstärke – nicht zu laut und nicht zu leise, ist in der Stimmmelodie eher ausgeprägt, jedoch nicht zu melodisch und keinesfalls monoton.

Ein weiteres Kompetenzkriterium ist **die Sprache.** Die Verwendung von Fremdwörtern kann zwar im ersten Moment beeindru-
cken, kann jedoch auch dazu führen, das Publikum zu verlieren, da
es entweder die Fremdwörter nicht versteht oder den Einsatz von
Fremdwörtern als vom Vortragenden bewusst eingesetztes »Kom-
petenzmittel« auffasst. Die Inhalte vorzulesen, kann wie nicht vorbereitet oder inkompetent wirken. Kompetent wirkt eine verständliche freie Rede in einer angemessenen Ausdrucksweise, klar und
deutlich verbunden mit angenehmer Sprechgeschwindigkeit, die
eher etwas langsamer als zu schnell ist.

Auch die **Organisation** der Veranstaltung und ihres Rahmens
sind Zeichen für Kompetenz. Die Pünktlichkeit des Referenten, die
Vorbereitung und Ordnung des Raumes und die Professionalität
der Unterlagen werden von den Zuschauern wahrgenommen und
entsprechend bewertet.

Weitere Faktoren für die Kompetenzwirkung sind, ob sich der
Vortragende durchsetzen kann, ob er über die gewisse **Präsenz** verfügt, indem er den »Raum einnehmen« kann, aufmerksam ist und
Stimmungen aufnimmt. Eine Steigerung dieser Präsenzwirkung
könnte sich in der Zuschreibung von Charisma ausdrücken. Eine
oft gehörte Beschreibung eines charismatischen Menschen ist: »Es
gibt Menschen, die brauchen nur in den Raum zu kommen – sie
füllen den Raum aus und alle hören ihnen gebannt zu.« Was genau lässt einen Menschen charismatisch erscheinen? Die Kompetenz spielt in diesem Punkt eine große Rolle. Noch nie haben wir
von einem inkompetenten, aber charismatischen Vortragenden gehört. Zu einer charismatischen Ausstrahlung zählt vor allem Erfahrung, Wissen, Ruhe und Gelassenheit, verbunden mit der eigenen
Begeisterungsfähigkeit. All diese Kriterien sind auch Teil des Wir-

kungsfaktors Kompetenz. Hin-
zu kommt die **Selbstdistanz** des
Vortragenden, die durch Humor,
Relativierung und das Abstrahieren der Inhalte entstehen kann.
Die **Selbstdarstellung** im
Sinne des Erscheinungsbildes,
der Vorstellung der eigenen Person, der Rolle und Funktion so-

Kompetent sein und wirken.

wie des Auftrages wirkt auch positiv auf die Kompetenz. Bescheidenheit ist sicher eine Tugend, kann jedoch durch einen Satz wie
»jetzt noch *kurz* ein Wort zu meiner Person« in der Vorstellung
als kontraproduktiv für die Kompetenzwirkung erscheinen. Es
geht darum, sich im Vorwege als Vortragender bewusst darüber
zu werden, welche Informationen zur Person für das Publikum
interessant und relevant sein können. Hier ist es wichtig, das passende inhaltliche und zeitliche Maß zu finden. So hinterlässt der
Vortragende den ersten Kompetenzeindruck bei dem Publikum,
wenn er in angemessener Länge zu dem Gesamtvortrag und dem
Anlass entsprechend die passenden Vorstellungsworte findet. Ein
Satz zur Vorstellung der Person, der eher schnell und eher monoton gesprochen wird, kann wie eine Floskel wirken – wie auswen-
dig gelernt und als unwichtig empfunden werden.

In der Sprache gibt es weitere so genannte »Weichmacher«, die
eher Unsicherheit und wenig Kompetenz vermitteln können: »Ich
möchte mich Ihnen erst einmal gerne vorstellen und *würde* Ihnen danach dann meine Präsentation zeigen, die *wahrscheinlich so*
zwanzig Minuten dauern wird.« Sowohl Konjunktive als auch Wörter wie:

- wahrscheinlich
- möglicherweise
- gegebenenfalls
- sozusagen
- quasi

- eigentlich
- vielleicht
- eventuell
- ...

könnten dem Publikum vermitteln, dass sie sich auf die eben gehörten Aussagen nicht verlassen können. Insbesondere die Kombination von Konjunktiven und sprachlichen Weichmachern vermittelt dem Zuhörer Unsicherheit bis Inkompetenz des Vortragenden, wobei auch hier das Maß die Bewertung beeinflusst.

Praxisbeispiel:

Ein Beispiel für eine Begrüßung:
»Guten Tag meine Damen und Herren. (Pause) In meiner Funktion als Bürgermeister begrüße ich Sie herzlich zum Tag der Offenen Tür im Rathaus der Stadt Schwaigen. (Pause) Ich heiße Tom Tommson. (Pause – Blickkontakt) – Ich bin hier in Schwaigen geboren und lebe seit nunmehr 48 Jahren hier (Pause) – und ich bin stolz, ein Schwaiger Bürger zu sein (Pause – Blick zu der Familie, die seitlich sitzt) und ich kann für unsere Familie sprechen – wir alle – meine Frau Eliza und meine Kinder Eva, Emilie und der kleine Emil leben hier in dieser Stadt sehr gerne. (Pause)
Ich freue mich, dass Sie heute unsere Gäste sind und dass Sie sich an diesem sonnigen Samstag, entschieden haben, noch mehr über Ihr Rathaus zu erfahren. (Pause). Mein Ziel ist es, Ihnen einen Überblick über die einzelnen Räumlichkeiten und deren Geschichte zu geben (Pause) - Sie neugierig zu machen – auf dieses wundervolle und historische Gebäude. (Pause) Kommen Sie nun mit auf eine Entdeckungsreise durch Ihr Rathaus – das ja viele von Ihnen schon lange kennen. Heute gibt es für uns alle die Möglichkeit, Räume zu besichtigen, die oft im Alltag verschlossen bleiben. (Pause – Power Point Präsentation startet – erstes Bild »Rathaus mit imposanter Eingangstür und einem großem Schloss davor«)

Beispiele für Signale und Zeichen von Kompetenz sind wie oben ausgeführt **die Stimme** in angemessener Lautstärke und mit entsprechender Melodie und Betonung. Es ist auf eine deutliche Aussprache zu achten und auf eine klare und **verständliche Sprache** sowie auf eine angenehme Sprechgeschwindigkeit, die durch gezielt eingesetzte Pausen dem Zuhörer ermöglicht, innerlich durchatmen zu können. **Die Organisation** wird als positiv wahrgenommen, da sowohl der Raum als auch die Unterlagen vorbereitet sind und der Vortragende pünktlich ist. **Die Selbstdarstellung** ist ein wesentlicher Part des Selbstmarketings und wird stark mit dem Erscheinungsbild und der angemessenen Vorstellung der eigenen Person in Verbindung gebracht.

Um sich selbst im Thema kompetent zu fühlen, bedarf es einer **Vorbereitung,** die, subjektiv gefühlt, gut bis sehr gut sein sollte. Keiner kann alles wissen. So ist der **Umgang mit Unwissen** insbesondere ein Zeichen von Kompetenz. Der Vortragende sollte seine Wissensgrenzen kennen und diese auch vertreten, indem er möglicherweise die Antwort vertagt oder er die Frage an jemanden aus dem Publikum weitergibt.

Zu beachten ist, dass die Menschen unterschiedliche Bewertungskriterien und Toleranzen haben, um Kompetenz zu empfinden und zu definieren. Kompetenz wirkt von innen nach außen. Empfindet sich der Vortragende als kompetent, hat das meistens auch einen entsprechend günstigen Effekt auf das Publikum. Fühlt sich der Vortragende unsicher und unwissend in dem zu präsentierenden Thema, wird es unwillkürlich Auswirkungen auf die Stimme, die Sprache und die Selbstdarstellung haben. Eine gute Organisation und ein angenehmes Erscheinungsbild können dann zwar etwas ausgleichend wirken und ein Bemühen erkennen lassen, jedoch die gewünschte Kompetenzwirkung nicht herstellen.

Tipps:

- Nutzen Sie eine der Zielgruppe entsprechend verständliche Sprache und sprechen Sie klar und deutlich.
- Achten Sie auf ein einheitliches Layout Ihrer Folien und auf die korrekte Schreibweise.
- Wählen Sie Kleidung, die der Zielgruppe und dem Rahmen angemessen ist.
- Beachten Sie eine ausreichende Vorbereitungszeit.
- Halten Sie Ihre Rede frei.

Bewegung und die Liebe zum Detail!

E – Engagiert

Das Publikum hofft auf einen Vortragenden, der sich für sein Thema einsetzt und **Freude** an der Präsentation hat. Ist kein eigenes Engagement vom Vortragenden zu erkennen, wird seine Überzeugungskraft schwinden. Denn der Zuhörer wird denken: »Wenn sich schon der Referent nicht für sein Thema begeistert und einsetzt, warum sollte ich es dann tun?« Auch in diesem Punkt wird sich die **innere Einstellung** zu den Inhalten der Präsentation auf das Publikum übertragen.

Oft ist es einfacher zu erkennen, dass jemand *nicht* engagiert ist. Dafür würden folgende Zeichen sprechen: der Vortragende ist unvorbereitet, spricht mit monotoner Stimme, seine Schultern und die Arme hängen herunter, er weicht den Blicken der Zuhörer aus, kein Lächeln ist zu sehen – so wirkt er sehr wahrscheinlich eher lustlos.

Wie schafft es ein Vortragender, seine **Freude**, seine **Begeisterung** und sein Engagement dem Publikum zu vermitteln? Engagement wird häufig erkennbar, wenn der Präsentierende nicht ausschließlich das Nötigste darbietet, sondern darüber hinaus **wei-**

teren Nutzen für das Publikum erzeugt. Das können Hintergrund-informationen zu dem Thema, eigene Erfahrungen, Beispiele, ausgesuchte und passende Bilder, klar aufgebaute Folien in Form, Schrift und Farbgebung oder auch **Anschauungsmaterial** sein. Dadurch wird deutlich, dass sich der Referent im Vorwege intensiv mit dem Thema und der Darbietung auseinander gesetzt hat. Er hat sowohl Zeit als auch Energie aufgewendet. Das allein wirkt schon anerkennend und wertschätzend auf die Menschen, die ihm zuhören. Jedoch wird sich nicht wie selbstverständlich die eigene Begeisterung auf alle anderen übertragen lassen. Wichtig ist, dass der Zuhörer durch die Darbietung auch seinen Nutzen erkennen kann.

Stellen Sie sich drei Mitarbeiter oder Kollegen in einer Situation vor, in der Sie ihn oder sie als engagiert erlebt oder wahrgenommen haben. Was haben diese drei in dieser Situation gemeinsam? Häufig ist die Sprechgeschwindigkeit erhöht, die Mimik, Gestik und Betonung ist ausgeprägt und die Bewegung im Raum schneller als üblich. Vielleicht spielt auch die Liebe zum Detail eine Rolle oder die Freude an einem Ergebnis, eine besondere Erfolgsmeldung oder es ist ein herzliches Lachen oder die Bereitschaft, länger zu arbeiten oder den Urlaub zu verschieben…

Engagement hat viele Gesichter und bewegt sich zwischen Schnelligkeit, Präzision und Forschergeist – im eigenen Interesse und im Interesse anderer. Im Präsentationskontext gibt es Zeichen für Engagement, die bewusst eingesetzt werden können, wie beispielsweise Pünktlichkeit, eine gute Vorbereitung, Kreativität in der Darbietung und Anschauungsmaterial. Die oben genannten Signale wie Lächeln, die ausgeprägte Mimik und Gestik

Die eigene Begeisterung überträgt sich.

geben die innere engagierte Haltung zum Auftrag wieder und können nicht bewusst eingesetzt werden.

In der Sprache finden sich Formulierungen, die das Engagement eines Vortragenden in der Wirkung verstärken:

- »Ich freue mich, …«
- »Wie schön, dass …«
- »Über die Zielsetzung hinaus, habe ich noch folgende Informationen für Sie.…«
- »Ich habe besonders viel Wert auf … gelegt und …«
- »Diese Erkenntnis hat mich sehr begeistert …«
- »Ich habe mich lange mit … auseinandergesetzt und …«
- »Besonders intensiv habe ich … betrachtet …«
- »Ich habe Ihnen etwas mitgebracht …«

Auch bei diesen Formulierungen gilt, dass die Stimme und die Körpersprache mit dem Gesagten übereinstimmen sollten, um glaubwürdig und authentisch zu wirken. Diese Formulierungen in monotoner Stimmlage und ohne eine entsprechende Gestik und Mimik können eher verwirrend bis ironisch wirken.

 Tipps:

- Setzen Sie eine lebendige Mimik und Gestik ein, die auch Signale für die eigene Begeisterungsfähigkeit sein können.
- Achten Sie auf die körperliche Zugewandtheit zum Publikum und einen ausgewogenen Blickkontakt.
- Formulieren und agieren Sie zielgerichtet.
- Machen Sie Ihre Vorbereitung sichtbar und seien Sie auch im Detail liebevoll.
- Nutzen Sie Anschauungsmaterial.
- Starten Sie pünktlich.
- Schaffen Sie die Transparenz des Auftrags und geben Sie Hintergrundinformationen.
- Lassen Sie den Zuschauern Ihren Spaß am Thema und an dem Vortrag spüren, indem Sie freundlich lächeln und lebendig agieren.

Der Ausgleich muss stimmen!

ANKE **R**

R – Respektvoll

Das Publikum wünscht sich einen Vortragenden, der einen respektvollen Umgang mit sich und den Zuhörern pflegt. Worüber messen wir unbewusst den gegenseitigen Respekt? Grundsätzlich gehört eine **Begrüßung** zum »guten Ton«. Die Begrüßung signalisiert einerseits Wertschätzung des anderen und andererseits bedeutet sie im Kontext einer Präsentation das **Startsignal**.

Angekündigte Zeiten sollten unbedingt eingehalten werden. Zeit ist heutzutage ein wertvolles Gut, und es kann respektlos wirken, wenn jemand »wie selbstverständlich« über die Zeit anderer verfügt. Sollte der Vortragende während der Präsentation bemerken, dass der angekündigte Zeitrahmen überschritten werden muss, ist ein kurzer Abstimmungsprozess mit den Zuhörern wichtig. Allein die Frage ins Publikum: »Ist es für Sie in Ordnung, wenn ich noch weitere sieben Minuten präsentiere, um für uns alle einen runden Abschluss zu erreichen?«, zeugt von Respekt. Sollte ein Zuhörer einen sofortigen Anschlusstermin haben, kann derjenige, ohne dass Missverständnisse aufkommen, die Präsentation verlassen.

Auch die **vorbereiteten Unterlagen** sind ein Zeichen für Respekt. Abkürzungen, zu viele Fremdwörter oder extrem verkürzte Inhalte könnten darauf schließen lassen, dass dem Vortragenden nicht viel daran liegt, ob sein Publikum im Anschluss an die Präsentation auch die Inhalte nachvollziehen kann.

Grundsätzlich signalisiert die **Art und Weise der Begegnung** gegenseitigen Respekt. Wählt der Referent eine partnerschaftliche Form, so lässt sich dies schon in der **wertschätzenden Begrüßung**, der persönlichen Vorstellung und den Informationen zum Rahmen der Veranstaltung erkennen. Der von dem Vortragenden angekündigte Rahmen gibt dem Publikum **Orientierung** und **Sicherheit**. So kann sich der Zuhörer informiert fühlen, welche Zielsetzung

Eine gute Vorbereitung ist ein Zeichen von Respekt.

die Veranstaltung hat, welcher Nutzen für ihn entsteht und welcher Zeitrahmen geplant ist. Wir empfehlen, auch zu Beginn zu klären, ob Fragen des Publikums innerhalb der Präsentation oder im Anschluss gewünscht werden. Wichtig ist jedoch, dass der Vortragende den Fragen seiner Zuhörer grundsätzlich offen gegenüber steht.

Diese Offenheit ermöglicht dem Vortragenden, die Beiträge des Publikums positiv zu verstärken. Beispielweise durch folgende Reaktionen:

- »Vielen Dank, dass Sie diesen Aspekt noch einmal so präzise herausstellen.«
- »Vielen Dank für diese Frage.«
- »Danke für Ihren Beitrag zu dieser Fragestellung.«
- …

Verzichten Sie auf Formulierungen wie: »gute Frage« oder: »Das ist eine sehr gute Frage.« Mit diesem Kommentar bewertet der Vortragende die Fragen seiner Zuhörer im Notensystem und es könnten unbewusst der Eindruck und die Befürchtung entstehen, dass es auch »schlechte Fragen« gibt.

Zusammenfassend sind Zeichen für den respektvollen Umgang mit dem Publikum die wertschätzende Begrüßung, der pünktliche Start und das Einhalten der Zeitabsprachen. Das gilt sowohl für den Anfang und das Ende der Veranstaltung als auch für die vereinbarten Pausenzeiten. Als wertschätzend werden professionelle Unterlagen empfunden, da auch schon in der Vorbereitung der damit einhergehende Zeitaufwand erkennbar wird.

Um eine partnerschaftliche Begegnungsform zu ermöglichen, sollte der Vortragende eine gleichberechtigte und wertschätzende Ebene zum Publikum einnehmen, auch Interaktionen mit dem Publikum einplanen und willkommen heißen, indem er Beiträge aus dem Publikum positiv verstärkt. Eine Flexibilität des Vortragenden wird deutlich, wenn er die Bedürfnisse des Publikums wahrnehmen kann und darauf entsprechend reagiert.

Der respektvolle Umgang mit sich selbst ist die Grundlage für den respektvollen Umgang mit anderen Menschen. Wenn der Vortragende einzig die anderen im Blick hat und nicht achtsam mit sich selbst umgeht, kann ihm der Vortrag »aus dem Ruder laufen«. Beispielsweise wenn er die von ihm subjektiv empfundenen Störungen zulässt oder sogar erträgt, wie zum Beispiel klingelnde Mobiltelefone. Es kann einen Referenten ebenfalls stören, wenn sich die Zuhörer lediglich leise mit ihren Telefonen beschäftigen. Auch ein Tuscheln der Zuhörer kann ablenkend und störend wirken. Wenn sich der Referent durch diese Dinge gestört fühlt, sollte er kurz reflektieren, wie stark seine Überzeugungskraft darunter leidet und dann eine bewusste Entscheidung treffen. Entweder kommt der Vortragende zu dem Entschluss, dass diese Verhaltensweisen weder ihn noch das Publikum beeinträchtigen oder er entscheidet sich, diese Störung auszusprechen und respektvoll mit den Betroffenen zu klären. Um diese Situationen offen ansprechen zu können, ist es vorteilhaft, nicht innerlich zu interpretieren, dass die Betroffenen kein Interesse hätten oder sie als ignorant und respektlos zu bewerten. Die daraus entstehenden möglichen Gefühle von Wut und Ärger könnten für die Klärung hinderlich sein. Zu bedenken ist, dass

Klärungen während eines Vortrages ein erweitertes Publikum haben. Ist der Störende eine Person, die dem Vortragenden in der Hierarchie übergeordnet ist, so wäre es sicher respektvoll, dies gegebenenfalls im Anschluss zu klären. Sollten um die siebzig Prozent des Publikums abgelenkt sein, ist eine Klärung erfahrungsgemäß wichtig für alle Beteiligten. Eine kurze Pause, eine unverhoffte Stille kann die Aufmerksamkeit zurückholen und mit anschließendem Blickkontakt und Nicken ins Publikum kann der Vortragende fortfahren. In diesen Situationen ist es wichtig, dass der Referent sich selbst, seiner Intuition und seiner Souveränität vertraut.

Respektvolle Formulierungen aus einer inneren offenen Haltung heraus, ohne belastende Gefühle, könnten sein:

- »Ich bemerke gerade eine Unruhe im Raum. Gibt es an dieser Stelle von Ihnen Klärungsbedarf?«
- »Damit wir am Ende meiner Präsentation gemeinsam zu einer Entscheidung gelangen, benötige ich gerade an diesem Punkt Ihre absolute Aufmerksamkeit.« (Pause – Blickkontakt)
- »Geben Sie mir bitte ein Zeichen, ob für Sie noch alles in Ordnung ist.«
- ...

 Tipps:

- Halten Sie den vereinbarten Zeitrahmen ein.
- Verdeutlichen Sie den Nutzen für Ihr Publikum.
- Nehmen Sie die Bedürfnisse Ihrer Zuhörer wahr und reagieren Sie entsprechend darauf.
- Überprüfen Sie, ob Sie sich gut vorbereitet und gesund fühlen.
- Gewähren Sie sich einen Moment des Ankommens.
- Sprechen Sie subjektiv empfundene Störungen an und klären Sie diese.
- Setzen Sie bewusst Atempausen für sich selbst und das Publikum ein.
- Klären Sie den Auftrag im Vorwege durch die K-D-W-Fragen.
- Seien Sie sich Ihrer Funktion, Rolle und Zielsetzung bewusst.
- Nehmen Sie Ihre eigenen Bedürfnisse wahr und sprechen Sie diese auch an.

• Überprüfen Sie auf Grundlage Ihrer persönlichen Werte und Überzeugungen die Zielsetzung und den Rahmen der Präsentation.

Souverän zum Ziel

Die vorangegangenen Beschreibungen verdeutlichen, dass fast alle Signale auch auf mehrere Wirkungsfaktoren Einfluss nehmen. Es gibt kaum eine »1:1-Umsetzung«, im Sinne einer Absicht wie: »Wenn ich engagierter wirken möchte, dann erhöhe ich bewusst den Blickkontakt.« Das allein wird vielleicht nicht ausreichen, um engagierter zu wirken. Wenn Sie den Blickkontakt erhöhen, kann es ebenso eine positive Wirkung auf die Neugierde und die Kompetenz haben. Wichtig ist, sich selbst zu überprüfen sowie darauf zu achten und sich bewusst zu werden, welche Signale schon ausgestrahlt werden und an welcher Stelle es Optimierungspotenzial gibt.

Der Wunsch, die Souveränität zu erhöhen, ist uns wohl bekannt und nachvollziehbar. Unsere Empfehlung ist, diesem Wunsch so zu begegnen, dass Sie möglichst konkret an entsprechenden Signalen arbeiten. Das heißt, dass Sie sich als Ziel setzen, bewusst konkrete Signale einzusetzen, um anschließend deren Wirkung zu überprüfen. Auf diese Weise wird Ihr gesetztes Ziel messbar und Sie haben eine Erfolgskontrolle, die Sie Schritt für Schritt der Optimierung der Souveränität näher bringen kann.

Selbst ist der Coach

Ein mögliches Instrument, um die Selbsteinschätzung und die Zielsetzung des Optimierungspotenzials abzufragen und zu bearbeiten, ist die Arbeit mit einer subjektiven und »gefühlten« Skala und den entsprechenden Fragestellungen.

Ein Beispiel:
Wunsch/Auftrag: **Ich möchte souveräner wirken!**

Würde dieser Wunsch und der innere Auftrag nicht weiter konkretisiert werden, so kann er in dieser Art der Formulierung zu einer »Selbstsabotage« führen, da man den Erfolg nicht messen kann. Dieser Auftrag wird dann zum »Dauerauftrag« ans Leben ohne eine mögliche Erfolgsmeldung. Das kann demotivierend wirken und dazu führen, frühzeitig aufzugeben: »Ich bin sowieso immer nervös – halt kein Typ für die Bühne und überhaupt ist es eine Qual für mich, zu präsentieren!«

Um diesen Wunsch und die persönliche Entwicklung auf eine Weise des Selbstrespekts bearbeiten zu können, sind fünf Schritte zu gehen. Um dieses Instrument zu veranschaulichen, zeigen wir Ihnen ein Beispiel für die konkrete Anwendung auf.

---

1. Schritt

Auf einer Skala von 1 bis 10 – für wie souverän halte ich mich im Moment?

1 ————————————— *6–7* ————————— 10

Die Antwort und Selbsteinschätzung ist absolut subjektiv – auch hier gibt es kein richtig oder falsch.

»Ich sehe mich auf 6 bis 7.«

---

2. Schritt

Bei welchem Zahlenwert möchte ich in welcher Zeit sein?
Für wie realistisch halte ich dieses Ziel?

»Ich möchte bei 9 bis 10 innerhalb eines halben Jahres sein. Das ist für mich realistisch, da ich innerhalb des nächsten halben Jahres genügend Möglichkeiten habe, zu üben.«

---

3. Schritt

Wie fühlt es sich konkret an, bei 9 bis 10 angekommen zu sein?
Was mache ich dann anders – was hat sich verändert?

»Ich fühle mich während einer Präsentationssituation entspannt, was ich an meiner ruhigen Atmung, meiner entspannten Nackenmuskulatur, meinem festen Stand und meinem geraden Rücken erkenne. Ich schaue meine Zuhörer an und habe einen Ruhepunkt für meine Augen an der hinteren Wand festgelegt. Wenn Fragen gestellt werden, heiße ich diese innerlich willkommen, da ich mich vorbereitet und kompetent fühle. Das erkenne ich daran, dass ich mich vor der Präsentation gefragt habe, ob mein Wissen und meine Vorbereitung für mich ausreichen, um mich wohl zu fühlen.

Konkret hat sich bei 9 bis 10 zu dem heutigen 6 bis 7 Folgendes verändert:

- Ich bin nicht mehr kurzatmig, sondern atme bewusst ruhig.
- Mein Nacken und der Schulterbereich sind nicht mehr verspannt, sondern locker und mein Rücken ist gerade.
- Ich schaue nicht mehr so viel auf die Charts an der hinteren Wand und auf den Fußboden, sondern konzentriere mich auf meine Zuhörer mit Blickkontakt und habe einen Gedanken/Pausen-Punkt an der gegenüberliegenden Wand bewusst fixiert.
- Bei Fragen aus dem Publikum werde ich nicht mehr nervös, sondern nehme die Fragen wertschätzend auf, weil ich mich kompetent und gut vorbereitet fühle.«

---

4. Schritt

Wann will ich welche konkreten Aspekte bearbeiten?

»Da ich nicht alles auf einmal beachten und bearbeiten kann, werde ich mir für jede anstehende Präsentation einen persönlichen Auftrag formulieren, den ich im Anschluss an die Präsentationssituation reflektieren werde.

Als Erstes werde ich auf meine Atmung achten. Vor jeder Präsentation werde ich dreimal bewusst tief ein- und ausatmen. Ich werde bei jedem Chart-Wechsel meiner Präsentation eine bewusste Atempause einlegen und auf meine Sprechgeschwindigkeit achten, indem ich bewusst artikuliere und die mir wichtigen Aspekte stärker stimmlich betone.

Bei dem Aspekt Atmung ist es mein Ziel, von 5 auf 8 auf meiner Skala zu gelangen. In dem Aspekt Sprechgeschwindigkeit und Betonung ist mein Ziel die Verbesserung von 7 auf 8.«

---

5. Schritt

Für die Reflexion, Auswertung und Erfolgskontrolle nutze ich wieder meine »persönliche Skala« zur Selbsteinschätzung: Wie gut ist mir dieser Aspekt gelungen und was brauche ich, um mir sicher zu sein, dass dieser Aspekt bei der nächsten Präsentation wieder gelingt?

»Der Aspekt Atmung ist mir gut gelungen – ich habe die gewünschten Pausen beim Chart-Wechsel eingesetzt, im Vorwege tief durchgeatmet – ich habe meine 8 erreicht! Ich habe auf meine Sprechgeschwindigkeit nur zu Beginn geachtet, dann nicht mehr. Hier bleibe ich auf 7. Ich werde mir genau diese zwei Aspekte für die nächste Präsentation wieder vornehmen und reflektieren.«

Selbstreflexion und Selbstcoaching

Um Ihnen das Selbstcoaching zu erleichtern, führen wir hier die Wirkungsfaktoren der ANKER-Struktur und beispielhafte Signale als Checkliste zur Selbstreflexion auf:

Wir-kungs-faktor	Signale (beispielhaft)	Ok ✓	zu stei-gern ↑	Maßnahmen
AUTHENTISCH	Blickkontakt war ausgewogen			
	Hände hatten eine Ruhegeste			
	Fester Stand			
	Gerader Rücken			
	Lautstärke war angemessen			
	Tonlage war angemessen			
	Sprechgeschwindigkeit war angemessen			
	Deutlich gesprochen			
	Betonungen eingesetzt			
	Pausen eingesetzt			
	Echtes Lächeln gezeigt			
	Anekdote erzählt			
	Persönliche Vorstellung			
	Eigene Erfahrungen berichtet			
NEUGIERDE	Spannungsbogen aufgebaut			
	Fragen gestellt			
	Hände unterstrichen die Inhalte			
	Blickkontakt gehalten			
	Pausen eingesetzt			
	Betonung bewusst eingesetzt			
	Stimme: laut und leise eingesetzt			
	Eigene Erfahrungen erzählt			
	Erfahrungen des Publikums mit einbezogen			
	Bilder verwendet			
	Metaphern verwendet			
	Offene Körperhaltung			
	Kreative Gestaltung der Präsentation			
	Einleitungs- und Abschluss-phase ohne Einsatz von Technik			

KOMPETENT	Gute Vorbereitung			
	Klarer Auftrag			
	Klare Zielsetzung			
	Rahmen gesetzt			
	Vorstellung meiner Person, Funktion und Rolle			
	Visualisierung der Inhalte passte zum Thema			
	Professionelles Handling des Mediums			
	Wissensgrenzen markiert			
	Fester Stand			
	Gerader Rücken			
	Hände hatten Ruhegeste			
	Angemessene Kleidung			
	Flexibilität bezüglich der Inhalte			
	Pünktlicher Start			
	Zeit und Pausen eingehalten			
	Beim Abschluss Zusammenfassung der wichtigsten Aspekte			
	Improvisation bei unvorhergesehenen Ereignissen			
	Ansprechende Unterlagen			
	Einsatz von Fremdwörtern, Abkürzungen entsprachen der Zielgruppe			
ENGAGIERT	Ausgeprägte Mimik und Gestik			
	Echtes Lächeln gezeigt			
	Angemessen im Raum bewegt			
	Aktive Sprache und positive Formulierungen genutzt			

ENGAGIERT	Hintergrundinformationen gegeben			
	Eigeninteresse und Eigenmotivation offen angesprochen			
	Gute Vorbereitung			
	Pünktlichkeit			
	Anschauungsmaterial mitgebracht			
	Publikum aktiv eingebunden			
RESPEKTVOLL	Wertschätzende Begrüßung			
	Klares Startsignal gegeben			
	Zeitrahmen eingehalten			
	Pünktlichkeit			
	Abstimmungsfragen gestellt			
	Ansprechende Unterlagen			
	Anschauungsmaterial mitgebracht			
	Das Publikum mit einbezogen			
	Klarheit über eigene Rolle und Funktion			
	KDW-Fragen mit »JA« beantwortet			
	Nachvollziehbare Struktur gezeigt			
	Dem Anlass und meinem persönlichen Stil angemessene Kleidung			

Die Anker-Struktur Im Überblick

Zu Beginn des Kapitels haben wir darauf hingewiesen, dass letztlich die gesamten Wirkungsaspekte auf eine entsprechend souveräne Ausstrahlung hinzielen. Die Signale und Zeichen können die unterschiedlichen Wirkungsaspekte unterstützen und verstärken. Genauso kann es auch umgekehrt sein. Wenn sich der Vortragende als authentisch, neugierig, kompetent, engagiert und respektvoll empfindet, wird es sicher für ihn leichter sein, die entsprechenden Signale und Zeichen auszusenden, um von seinem Publikum als souverän empfunden zu werden. Wir unterstreichen noch einmal das Zusammenspiel von Signalen und Wirkungen durch die folgende Abbildung:

WIRKUNGSASPEKTE   SIGNALE (beispielhaft)

Authentisch

Neugierig

Kompetent

Engagiert

Respektvoll

- **Improvisation:** mit nicht vorhergesehenen Umständen umgehen
- **Flexibilität:** auf Fragen, Anregungen, Hinweise eingehen
- **Stimme:** sowohl die Lautstärke als auch die Sprachmelodie und die Tonlage sind der Persönlichkeit und dem Anlass entsprechend stimmig
- **Sprache:** sowohl die Ausdrucksweise als auch die Artikulation sind dem Publikum entsprechend angepasst und stimmig
- **Körpersprache:** die Zugewandtheit und das Agieren passen zu der Thematik und zum Publikum
- **Outfit:** dem Anlass und dem persönlichen Stil angemessen
- **Organisation:** Pünktlichkeit und Ordnung und Struktur innerhalb der Präsentation
- **Selbstbild:** Konzentration auf die persönlichen Stärken und die innere Einstellung sowie positive Grundhaltung zum Auftrag
- **Ressourcen:** sich der eigenen Ressourcen bewusst sein und nutzen
- **Wissensgrenzen markieren:** sich den eigenen Kompetenzgrenzen bewusst sein und diese vertreten

Abb. 14: Die ANKER-Struktur im Überblick: Das Zusammenspiel von Wirkungsaspekten und Signalen.

UMGANG MIT SCHWIERIGEN SITUATIONEN
FRAGEN UND ANTWORTEN AUS DER PRAXIS

In unseren Seminaren ist auch stets ein großes Thema, wie ein Referent mit schwierigen Situationen im Präsentationskontext umgehen kann. Fragen, die wir an unsere Teilnehmer weitergeben, sind: »Welche Situationen empfinde ich persönlich als schwierig? Habe ich schon einmal eine schwierige Situation erlebt? Gibt es in meiner Vorstellung Situationen, die ich nicht sofort lösen kann?«

An dieser Stelle empfehlen wir, bevor Sie weiterlesen, sich gedanklich zurückzulehnen und zu überlegen, welche Situationen für Sie selbst schwierig sein könnten.

Reflexionsfrage:

Folgende Situationen empfinde ich in Präsentationen, die ich selbst halte, als schwierig:

-

-

-

Aufgrund diverser Erlebnisse, die im Laufe von Präsentationen gemacht wurden, werden Situationen als mehr oder weniger schwierig empfunden. So haben wir aus unseren Erfahrungen relevante Beispiele zusammengestellt und bieten Ihnen hierzu konkrete Lösungsansätze an.

Die beispielhaften Situationen kommen aus unterschiedlichen Bereichen, die wir in drei Hauptgebiete unterteilt haben:
– schwierige Situationen, die einen **Rollen- bzw. Interessenskonflikt** als Grundlage haben,

- Situationen, in denen die zuhörenden **Teilnehmer** als **schwierig** empfunden werden und
- Situationen, in denen die **Rahmenbedingungen** nicht passen.

Wann wird eine Situation als schwierig bewertet? Auch hier können die Gründe und Ursachen mehrschichtig sein. Einerseits erwächst dieses Empfinden aus den persönlichen Erfahrungen und deren subjektiver Bewertung und Interpretation dieser Situation oder es sind Gedanken, die aufkommen können. Andererseits kann ein Gefühl durch Beobachtungen von Verhaltensweisen, die ohne die bewusste eigene Bewertung erfolgen, entstehen.

Themen und Beispiele aus dem Bereich des **Rollen- und Interessenskonfliktes:**

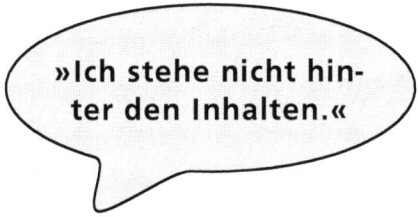

»Ich stehe nicht hinter den Inhalten.«

Hier kann es sein, dass bei der Auftragsklärung zu wenig Fragen gestellt wurden. Mögliche noch zu klärende Fragen sind:

- Welche Rolle und welche Funktion habe ich in Bezug auf die zu präsentierenden Inhalte?
- Was würde passieren, wenn ich diesen Auftrag ablehne?
- Was würde passieren, wenn ich die Präsentation trotz meiner Bedenken halte?
- Welcher Schaden und welcher Nutzen entstehen für mich?
- Kann ich das – darf ich das – will ich das?

Gedanken/Interpre-tation/Bewertung	Beobachtungen/Signale/Zeichen	Lösungsansätze/Tools
»Ich stehe nicht hinter den Inhalten.«	– Körperliches Zittern – Schweiß auf der Stirn – Magengrummeln	– K-D-W-Fragen – Auftragsklärung – Inhalte aussparen

Wenn diese Gedanken aufkommen und der Referent sie übergeht, kann es sein, dass die Inhalte das Publikum nicht erreichen und der angenommene Auftrag somit nicht erfüllt werden kann. Über die Konsequenzen sollten Sie sich grundsätzlich im Vorwege Gedanken machen und versuchen, eine für Sie passende und stimmige Haltung einzunehmen.

Der Präsentationsauftrag wird von dem Auftraggeber mit den Worten begleitet, das Publikum neben der Vermittlung der Inhalte auch noch zu motivieren. Wenn Sie als Auftragnehmer spüren, dass die Inhalte keinen Anlass zur Motivation geben, da diese Informationen schon veraltet sind oder Sie wissen, dass das Publikum diese Nachrichten als nicht so positiv bewerten wird, sollten diese Bedenken nicht unterdrückt werden. Hier heißt es, entweder dem Auftraggeber im Vorwege eine Rückmeldung über Ihre Einschätzung der Situation zu geben oder sich in die Situation des Publikums zu versetzen und zu überdenken, ob es etwas geben könnte, was es beispielsweise trotz der veralteten Nachricht darüber hinaus motivieren könnte. Das kann ein persönliches Wort des Referenten sein oder eine kleine Aufmerksamkeit oder von Herzen gemeinte Dankesworte.

Gedanken/Interpretation/Bewertung	Beobachtungen/Signale/Zeichen	Lösungsansätze/Tools
Nicht fürs Motivieren motiviert	– Sich im Kreis drehende Gedanken – Hinauszögern der Präsentationsvorbereitung – Energiemangel	– Rückmeldung an den Auftraggeber – Sich in die Situation des Publikum versetzen und Ideen sammeln – Eigene Klarheit – Klare Informationen geben – Ggf. gemeinsam mit dem Publikum Demotivationsfaktoren betrachten

Gerade Ihre Einschätzung der Situation und die Rückmeldung an den Auftraggeber können eine sehr hilfreiche Information sein. Auftraggeber sind hierarchisch oft von dem Geschehen an der Basis abgekoppelt und sind nicht Teil der vorherrschenden Stimmungen. Dieser Wunsch nach Motivation entwickelt sich dann möglicherweise auch aus Unwissenheit. Wenn Sie selbst nicht motiviert sind, dann ist es erst einmal die Aufgabe des Auftraggebers, Sie zu motivieren oder das Thema noch einmal grundlegend auf seine Motivationsfaktoren hin zu betrachten.

Hiobs- botschaft

Eine Hiobsbotschaft zu verkünden, ist schwierig, gerade wenn man selbst

Betroffenheit spürt. In dieser Situation heißt es, authentisch zu sein, klare und verbindliche Aussagen zu machen und seine eigene Betroffenheit nicht zu verbergen. Wichtig ist, die Grenze zwischen Mitgefühl und Mitleid zu kennen und sorgsam darauf zu achten, dass kein Mitleid fließt. Die Gefahr wäre, dass sowohl der Verkünder der Hiobsbotschaft als auch die Empfänger in ein Jammertal geraten, aus dem alle schwer wieder heraus finden können und die Situation dadurch noch schwerer und aussichtsloser erscheint. Eine schlechte Nachricht bleibt eine schlechte Nachricht. Auch mit schönen Worten und Formulierungen ist daran nichts zu ändern. Besonders wenn eine schlechte Nachricht unklar und blumig formuliert und erst nach und nach übermittelt wird, kann es auf die Zuhörer respektlos und möglicherweise auch ironisch wirken.

Gedanken/Interpre-tation/Bewertung	Beobachtungen/ Signale/Zeichen	Lösungsansätze/Tools
Hiobsbotschaft	– Kloß im Hals – Eigene Betrof-fenheit – unsicheres Ge-fühl – Schweiß	– Sich in die Situation des Publikums verset-zen und die Worte wählen, die klar und verständlich sind – Mitgefühl statt Mitleid – Die eigene Rolle klären – Verantwortung für die eigene Funktion und nicht für die Botschaft übernehmen Nicht in die Defensive geraten, sondern wei-terhin »Chef im Pro-zess« bleiben

Es ist vorteilhaft, sich im Vorwege der Rolle des Übermittlers schlechter Nachrichten bewusst zu sein und sich innerlich für diese Situation zu stärken. In diesen Momenten will kein Empfänger hören, »dass es doch nicht so schlimm sei« – dann wäre es ja auch keine schlechte Nachricht. Überlegen Sie genau, ob und welche Art von Trost und Zuspruch die Zuhörer von Ihnen erwarten oder sich wünschen und klären Sie, ob und in welcher Art Sie dazu bereit sind, Zuspruch und Trost zu geben.

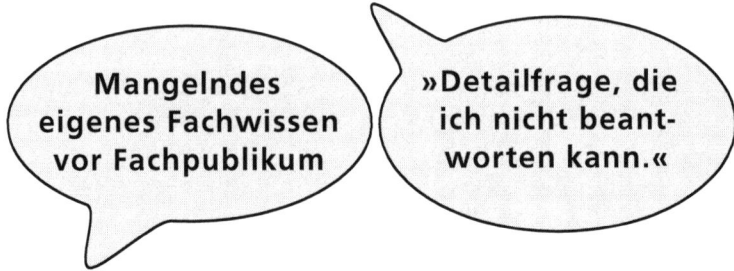

Diese Äußerungen entstammen einer Situation, in der der Referent an seine fachliche Kompetenzgrenze stößt. Auslöser für diese schwierige Situation können Fragen des Publikums sein, die der Vortragende nicht beantworten kann. Welche Gründe können dafür verantwortlich sein? Entweder ist der Referent als Fachfremder zu einem Thema geladen, um das Thema von einer anderen Perspektive aus zu betrachten, er ist in einer übergeordneten Beraterrolle oder er hat sich auf das Thema nicht genügend vorbereitet. Diese Situation kann durch eine ungenügende Auftragsklärung begründet sein. Hier wäre es sinnvoll, noch einmal das Ziel und die Inhalte zu überdenken. In der Situation selbst sollte der Referent seine fachlichen Lücken klar vertreten, indem er entweder seine Rolle schon zu Beginn klärt oder das Publikum für die Beantwortung der Fragen mit einbezieht.

Gedanken/Interpretation/Bewertung	Beobachtungen/Signale/Zeichen	Lösungsansätze/Tools
Mangelndes eigenes Fachwissen vor Fachpublikum	– Fragen aus dem Publikum, die ich nicht beantworten kann – Detailfrage, die ich nicht beantworten kann – Ängste, Unsicherheitsgefühl	– Die Rolle, den Auftrag und das Ziel zu Beginn klären – Die eigene Rolle im Prozess aktiv definieren – Die fachfremde Sicht nutzen und anbieten – Das Publikum mit einbeziehen – Anbieten, die Fragen im Nachhinein zu klären und die Antworten zur Verfügung stellen – Rollenwechsel vom Vortragenden zum Moderator

Wenn der Referent das Publikum in die Beantwortung der Fragen mit einbezieht, ist es sehr wichtig, innerlich einen Rollenwechsel vorzunehmen – vom Vortragenden zum Moderator – und stets die Zügel weiterhin in der Hand zu halten. Sowohl der Blick auf die Zeit als auch die Nachfrage, ob dieser Austausch für alle Beteiligten sinnvoll und von Nutzen sei, ist wünschenswert. So kann es trotz des mangelnden Fachwissens eine erfolgreiche Veranstaltung werden.

Thema ist schon bekannt

Die Vorbereitung war für den Referenten anstrengend und zeitaufwendig, die Anreise war beschwerlich, aber die Ankündigung des

Veranstalters war sehr wertschätzend und der Start war pünktlich. Als das Thema vom Referenten vorgestellt wurde, kamen vom Publikum sofort Hinweise, dass alle Zuhörer diesen Vortrag schon einmal gehört haben. Welch schreckliche Vorstellung! Sofort könnte sich doch ein gewisses Mitleid mit dem Referenten einstellen. Auch in diesem Fall lässt sich eine unvollständige Auftragsklärung vermuten. Ironischerweise könnte jetzt jemand behaupten, dass das Publikum »falsch« sei. Wenn jedoch diese Situation eingetreten ist, kann nicht einfach das Publikum ausgetauscht werden. Wie könnte der Referent nun in dieser Situation reagieren, ohne Schaden zu nehmen? Beispielsweise könnte er den Vortrag loslassen und dem Publikum das Angebot unterbreiten, aus seinem Repertoire einen anderen Vortrag ohne technische Unterstützung zu halten – sicher würde das Publikum ehrfürchtig annehmen und diese Darbietung nie vergessen. Eine andere Möglichkeit wäre, mit dem Publikum über die schon bekannten Inhalte zu diskutieren. Auch hier würde ein Rollenwechsel vom Referenten zum Moderator notwendig sein. Was in jedem Fall vermieden werden sollte, ist, vor dem Publikum eine Schuldzuweisung für diese Situation auszusprechen. Das wäre nicht nur für den Veranstalter und Auftraggeber kompromittierend, sondern der Referent würde auch in ein schlechtes Licht geraten.

Gedanken/Interpretation/Bewertung	Beobachtungen/Signale/Zeichen	Lösungsansätze/Tools
Das Thema ist schon bekannt	Hinweise aus dem Publikum	– Neues Thema anbieten – Über das bekannte Thema diskutieren – Offene Form der Veranstaltung durch Expertenrunden aus dem Publikum – Kreative Methode einsetzen, um aus dem bekannten Thema noch Neues herauszuholen

»Mir geht es körperlich schlecht.«

Die Frage ist, wie schlecht es dem Referenten geht. So schlecht, dass er den Vortrag nicht halten kann – dann gibt es nur die eine Lösung, diesen Vortrag abzusagen. Wenn es ihm jedoch nur ein wenig schlecht geht, kann er darauf hoffen, dass die vorherrschende Aufregung soviel Adrenalin im Körper produziert, dass es für den Vortrag ausreichen könnte. Eine Entschuldigung zu Beginn des Vortrags kann entlasten, jedoch auch Mitleid bei dem Publikum hervorrufen und dadurch die Ausstrahlung und Überzeugungskraft beeinträchtigen. Auch in dieser Situation gibt es kein richtig oder falsch. Es gibt einzig die persönliche Entscheidung, ob der Referent sich dieser Aufgabe in diesem Zustand gewachsen sieht oder nicht.

Gedanken/Interpretation/Bewertung	Beobachtungen/Signale/Zeichen	Lösungsansätze/Tools
»Mir geht es körperlich schlecht«	– Heiserkeit – Schnupfen – Fieber – Bauchschmerzen – Halsschmerzen	– Eine klare Entscheidung treffen – Ggf. Teile der Präsentation delegieren – Zeitrahmen verkürzen – Andere inhaltliche Schwerpunkte wählen – Absagen – Termin verschieben

Blackout

Der Blackout ist der Moment, in dem der Referent den Faden verloren hat – er nicht mehr weiß, was er als nächstes sagen wollte. Dieser Moment ist erfahrungsgemäß bei vielen Menschen stark angstbesetzt, obwohl es diese Momente gar nicht so häufig gibt. Viele Teilnehmer fürchten den Blackout, obwohl sie ihn noch nie erlebt haben. Es ist eine gute Möglichkeit, sich für diesen Moment eine persönliche Strategie zu überlegen. Zum Beispiel kann man eine kleine Konzentrationspause einlegen, innerlich den Vorhang fallen lassen, durchatmen, den letzten Punkt noch einmal wiederholen und mit diesem Schwung weitermachen. Eine weitere Möglichkeit ist, ein Schluck Wasser zu trinken. Wer es mag, kann diesen Moment mit Humor nehmen: »Ich habe gerade meinen Faden verloren. Hat ihn jemand gefunden?« Auch ohne Humor kann dieser Moment angesprochen werden: »Wo war ich gerade? Kann mir bitte jemand helfen?« Um mit einem Blackout offensiv umgehen zu können, benötigt der Vortragende das innere »Okay«, es in diesem Moment auch offen ansprechen zu *dürfen*, sich selbst die Erlaubnis zu geben, Fehler zu machen und nicht stets perfekt sein zu müssen. Die Erfahrung hat uns gezeigt, dass gerade diejenigen, die sich dieses »Okay« gegeben haben, nie wieder ein Blackout bekamen.

Gedanken/Interpretation/Bewertung	Beobachtungen/Signale/Zeichen	Lösungsansätze/Tools
Blackout	– Sprachlosigkeit – »Knoten im Gehirn«	– Innerlich Durchatmen – Die letzte Information kurz wiederholen – Wasser trinken – Offen ansprechen – Humor – Das Publikum fragen: »Wo war ich gerade?«

Nachdem wir in diesem ersten Teil eher Situationen beleuchtet haben, die aus einem Rollen- oder Interessenskonflikt heraus entstanden sind oder durch Themen, die zumeist in der Verantwortung des Referenten lagen, kommen wir nun zu den Situationen, in denen das **Verhalten der Teilnehmer** als problematisch und schwierig empfunden wird.

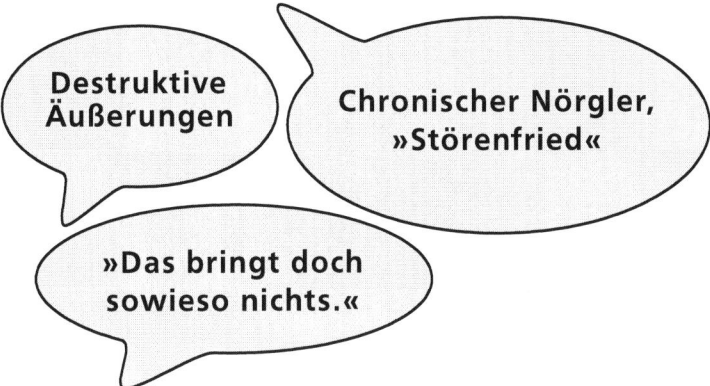

In Präsentationen sind insbesondere Menschen gefürchtet, denen wir unterstellen, dass sie die Präsentation stören wollen und dass sie grundsätzlich kein Interesse an dem Vortrag haben. Möglicherweise ist es auch so. Vielleicht gibt es diese Menschen. An dieser Stelle sei die Frage gestattet: Was könnte diese Menschen veranlassen, sich auf diese Weise zu verhalten? Was wollen sie bezwecken? Boykott, Revolte, Denunzierung, offenen Kampf? Sind diese Menschen schon für ihr Verhalten bekannt? Vielleicht hat der Referent schon Erfahrungen mit dem Störenfried, vielleicht auch nicht. Wichtig ist, sich als Referent nicht auf eine offene Auseinandersetzung einzulassen, sondern innerlich klar zu bleiben und die destruktive Äußerung gegebenenfalls umzudeuten. Beispielsweise die Äußerung: »Das bringt doch sowieso nichts« zu: »Aha, Sie haben diesen Ansatz schon einmal ausprobiert und keine guten Erfahrungen gemacht – lassen Sie uns bitte im Anschluss an meinen Vortrag einmal gemeinsam die Gründe dafür herausfinden« umzuformulieren. Manchmal kann es auch sinnvoll sein, Äußerungen zu überhören. Gerade in diesen Situationen ist es notwendig, dass der Referent immer »Kapitän« bleibt: klar, zielgerichtet, wertschätzend und respektvoll. Manchmal benötigen diese Störenfriede eine gewisse Aufmerksamkeit und Anerkennung. Wenn der Vortragende bereit ist, sie ihm wahrhaftig und ehrlich zu geben, kann der vermeintliche Störenfried wieder friedlich werden. Sollte es eine Person sein, mit der der Referent einen Konflikt hat, wäre es sinnvoll, diesen Konflikt im Vorwege oder im Nachhinein zu klären.

Gedanken/Interpretation/Bewertung	Beobachtungen/ Signale/Zeichen bei den Teilnehmern	Lösungsansätze/Tools
Chronischer Nörgler, »Störenfried«	– »Das bringt doch sowieso nichts« – Destruktive Äußerungen – Zwischenrufe	– Innerlich Durchatmen – Äußerung umformulieren – Angebot, im Anschluss zu diskutieren – Anerkennen und wertschätzen – Ggf. Interessen und Absichten erfragen – Konflikte im Vorwege klären – Konflikte im Anschluss klären

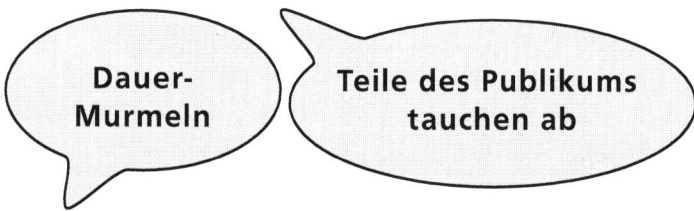

Dauer-Murmeln

Teile des Publikums tauchen ab

Wenn der Referent den Eindruck hat, dass einige Zuhörer ihm nicht mehr konzentriert zuhören, sie abgetaucht sind, kann dieses den Referenten irritieren und ihn letztlich auch aus seinem Konzept bringen. Er lässt sich dann vielleicht durch seine Gedanken ablenken und fühlt sich von seinen Zuhörern nicht wertgeschätzt

und respektiert – das wirkt verletzend und es entstehen Gefühle wie Ärger und Enttäuschung: Die scheinen mich nicht zu mögen! Es sind doch immer die gleichen, die es nicht interessiert! Wie unhöflich von denen! Wie respektlos! Oder es kommen Zweifel auf: Langweile ich mein Publikum? Sind die Inhalte schon bekannt? Habe ich die falsche Zielgruppe eingeladen? Manchmal werden Antworten im eigenen Verhalten und manchmal in der Absicht der anderen gesucht. Letztlich kennt der Referent so lange den Grund für dieses Verhalten nicht, bis er konkret nachfragt. Das birgt jedoch auch ein gewisses Risiko. Es könnte ja tatsächlich der Fall sein, dass sich drei von zwölf Zuhörern langweilen, da sie genau zu dem Thema erst vor kurzem einen Vortrag gehört haben. Statt zu gehen, halten sie nun durch und bleiben in der Veranstaltung. Sie hören jedoch nicht mehr zu, sondern träumen vor sich hin, beschäftigen sich mit einem Skript, das nicht zur Veranstaltung gehört, lesen ein Buch oder haben sogar die Augen geschlossen und machen ein kleines Nickerchen. Auch in dieser Situation ist es für den Referenten wichtig, sich selbst zu klären und eine Entscheidung zu treffen. Auf dem Weg dorthin gibt es Möglichkeiten, die »verloren gegangenen« Zuhörer wieder einzufangen. Erfahrungsgemäß sind Formulierungen hilfreich, die den Zuhörer nicht angreifen und ihm auf eine respektvolle Weise vermitteln, dass dem Referenten etwas daran liegt, dass alle im Publikum ihm die Aufmerksamkeit schenken. Auch hier ist es besonders wichtig, dass weder Tonfall noch der Gesichtsausdruck Ärger oder einen Vorwurf vermitteln, dann können folgende Sätze auch eine positive Wirkung erzielen:
- »Genau an dieser Stelle benötige ich Ihre gesamte Aufmerksamkeit.«
- »Genau hier komme ich zu einem Punkt, der mir ganz besonders wichtig ist.«
  »Ist bis zu diesem Punkt alles für Sie nachvollziehbar? Ich benötige von Ihnen eine kurze Rückmeldung, bevor ich fortfahre.«
Eine Pause an dieser Stelle ist unverzichtbar, erzeugt im Publikum Spannung und möglicherweise auch die gewünschte Aufmerksamkeit.

Sollten diese Aktionen nicht den gewünschten Effekt zeigen, kann der Referent noch einmal für sich klären, wie hoch der Anteil an unkonzentrierten Zuhörern ist. Manchmal können ganz profane Ursachen wie schlechte Luft, ungünstige Lichtverhältnisse oder ein ungünstiger Zeitpunkt der Grund für das »Abtauchen« sein. Hier hilft eine kurze Unterbrechung, um die entsprechenden Maßnahmen einzuleiten.

Eine weitere Möglichkeit ist, dass sich der Referent noch einmal bewusst macht, was sein Auftrag, sein Ziel und seine Verantwortung ist. Und manchmal ist es auch von Vorteil, die »abgetauchten Zuhörer« zur Kenntnis zu nehmen und es so zu belassen, wie es ist. Der betroffene Zuhörer ist für sein Verhalten mit allen Konsequenzen selbst verantwortlich. Zumindest wenn es sich nicht um Kinder handelt.

Ein Dauer-Gemurmel des Publikums kann dem Referenten viele Interpretationsmöglichkeiten bieten. Es kann ein Hinweis sein, dass etwas nicht richtig verstanden wurde oder andere Meinungen und Diskussionsbedarf bestehen oder irgendetwas passiert ist, dass gar nichts mit dem Vortrag zu tun hat. Wir meinen hier nicht ein kurzes Gemurmel zwischen einer kleinen Zuhörergruppe, sondern eines, das nicht zu überhören ist und über eine Minute anhält. In diesem Fall ist es wichtig, dass der Referent seine Wahrnehmung anspricht und erfragt, was der Anlass des Murmelns ist, und entsprechend darauf reagiert, indem er darauf eingeht, zur Klärung beiträgt, kurz unterbricht oder andere Maßnahmen einleitet, die notwendig sind.

Gedanken/Interpretation/Bewertung	Beobachtungen/Signale/Zeichen bei den Teilnehmern	Lösungsansätze/Tools
Teile des Publikums tauchen ab	– Geschlossene Augen – Blättern in Unterlagen – Lesen eines Buches – Beschäftigung mit dem Mobiltelefon – »Dauer-Gemurmel«	– Situation und Mengenverhältnis einschätzen – Pause bewusst einsetzen – Die Aufmerksamkeit einholen – Ggf. ansprechen und Maßnahmen einleiten – Kurze Unterbrechung – Ansprechen und klären

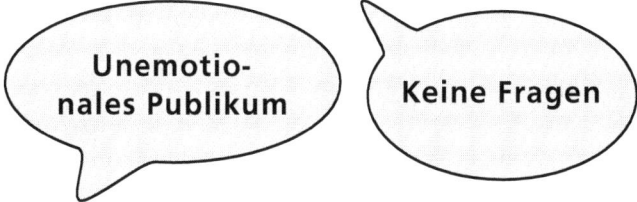

Der Referent hält engagiert seinen Vortrag und bemerkt, dass die Zuhörer ihm zwar folgen und ihn ansehen, jedoch keine weitere Regungen wie Nicken, Kopfschütteln, Lächeln erkennbar sind. Zudem hat er sein Publikum eingeladen, Fragen zu stellen und keiner der Anwesenden fragt etwas. Auch hier gibt es wieder viele Möglichkeiten, diese Situation zu bewerten. Einerseits kann der Referent sein Publikum als uninteressiert empfinden oder er schließt aus diesen »Nichtreaktionen«, dass er niemanden mit seinem Vortrag erreicht hat und er letztlich seine Präsentation als erfolglos bewertet. Welche anderen Interpretationen sind in dieser Szene noch möglich? Stille kann auch ein Zeichen von Nachdenklichkeit sein. Die Zuhörer »verdauen« noch die neuen Nachrichten oder Aspekte und Argumente. Fragen stellen sich oft erst im Nachhinein

ein. Es kann auch sein, dass der Rahmen nicht dafür geschaffen ist, dem Publikum eine vertrauensvolle Atmosphäre zu vermitteln, beispielsweise ist der Raum sehr groß, die Akustik unangenehm oder es sind Personen anwesend, die nicht das Vertrauen der Zuhörer genießen.

Möglicherweise war jedoch der Vortrag für jeden Zuhörer nachvollziehbar, ohne dass jeder seine Zustimmung mimisch vermittelt, und es sind keine Fragen offen geblieben. Benötigt der Referent sowohl für die Erfüllung seines Auftrages als auch für die eigene Vergewisserung die Zustimmung seiner Zuhörer, kann er im Anschluss eine Diskussionsrunde anbieten. Für kurze Rückversicherungen kann der Vortragende eine kurze Pause einlegen und sie sich beispielsweise per Handzeichen oder Kopfnicken bzw. Kopfschütteln einholen. Es ist wichtig, sich als Referent bewusst zu machen, dass die Zuhörer nicht im gleichen Maße im Thema sind und daher Zeit benötigen, die Informationen aufzunehmen und für sich auszuwerten.

Gedanken/Interpre-tation/Bewertung	Beobachtungen/ Signale/Zeichen bei den Teilnehmern	Lösungsansätze/Tools
Unemotionales Publikum	– Blickkontakt und keine weitere Mimik, wie Lächeln, Kopfnicken, Kopfschütteln – Keine Fragen	– Sich bewusst machen, dass Menschen zur Informationsaufnahme und Bewertung Zeit benötigen – Ggf. kurze Unterbrechung anbieten – Nachfragen, ob alles nachvollziehbar ist/war – Ggf. im Vorwege den Rahmen so planen und gestalten, dass eine vertrauensvolle Atmosphäre möglich ist

Unpünktliche Teilnehmer

Die Präsentation soll um zehn Uhr starten und es fehlen drei von zwölf Personen, die zudem noch wichtige Entscheidungsträger sind. Zu der vorhandenen Aufregung des Referenten kommt jetzt auch noch der Ärger über diese Respektlosigkeit. Es kommen Zweifel auf und der Gedanke, dass diese Situation keine gute Voraussetzung für eine erfolgreiche Präsentation schafft.

Gerade in diesem Moment wünscht sich ein jeder Referent, mit dieser Situation souverän umgehen zu können. Was lässt einen Referenten nun souverän wirken?

Den Ärger auszusprechen, sich »Leidensgenossen« zu suchen und einen oder eher drei gemeinsame »Feinde« zu schaffen, ist sicher nicht der Weg, um Souveränität auszustrahlen. Diejenigen, die pünktlich sind, wollen zudem auch nicht das Gefühl bekommen, sie seien unwichtig, da der Referent spontan entscheidet, auf die drei Entscheidungsträger zu warten.

Sollte der Referent dieses Verhalten persönlich nehmen und es gegen sich gerichtet sehen, sollten grundsätzliche Dinge geklärt werden, beispielsweise wie miteinander umgegangen werden soll. Unpünktlichkeit ist ein Beispiel für die Verletzung des Systemgesetzes: »Gegenseitige Anerkennung, Wertschätzung und Respekt« (BISCHOP 2010: 17) und wirkt entsprechend verletzend – auch wenn eine nachvollziehbare Erklärung folgt. Um sich selbst klären zu können, ist es wichtig, die Situation erst einmal so anzunehmen, wie sie ist. Der Referent startet pünktlich mit seiner Begrüßung und holt sich das Einverständnis der Anwesenden ab, innerhalb der nächsten zehn Minuten nachzuforschen, was passiert ist. Sollten die Entscheidungsträger nicht kommen, ist abzuwägen, ob die Veranstaltung verschoben werden soll. Der Referent hat innerlich stets

Klarheit und einen Plan, wie es weitergehen wird. Dadurch wird in der Situation nicht das Gefühl von Ärger aufkommen, sondern vielleicht erst im Nachhinein. Es kann auch etwas passiert sein, dass die Entscheidungsträger zu spät kommen lässt, das nichts mit der Präsentation und mit der Person des Referenten zu tun hat. Trotzdem wirkt es auf die Anwesenden nicht wertschätzend.

Grundsätzlich sollte der Referent eine Vorstellung haben, wie er mit Unpünktlichkeit umgehen will, wann er spätestens starten will, in wieweit er die Anwesenden mit einbezieht oder welche Alternativen zur Verfügung stehen. Beispielsweise kann gemeinsam ein Begrüßungskaffee getrunken werden, es kann mit einer Vorstellungsrunde begonnen oder eine Geschichte erzählt werden.

Wenn die Präsentation gestartet wurde und nach einigen Minuten die »Nachzügler« eintreffen, ist auch hier abzuwägen, wann und wie stark sie einbezogen werden. Erfahrungsgemäß kann es auf die Anwesenden negativ wirken, wenn ein »Zuspätkommer« noch eine besondere Aufmerksamkeit erfährt, und ironische Bemerkungen zur Begrüßung können ebenso respektlos wirken wie die Verspätung des Teilnehmers. Daher ist es ratsam, zu spät kommende Teilnehmer möglichst neutral zu empfangen und bei einer passenden Gelegenheit ggf. eine kurze Wiederholung der schon präsentierten Inhalte zu geben.

Gedanken/Interpretation/Bewertung	Beobachtungen/Signale/Zeichen bei den Teilnehmern	Lösungsansätze/Tools
Unpünktliche Teilnehmer	– Es fehlen einige Teilnehmer – Es fehlen Entscheidungsträger	– »Zuspätkommer« neutral empfangen – Ggf. Inhalte kurz wiederholen bzw. zusammenfassen – Einverständnis des Publikums einholen, um die Situation zu klären – Innere Klarheit und Plan, wie es weitergehen wird – Ggf. die Veranstaltung verschieben

Vorzeitiges Auflösen

Der Referent befindet sich noch im Hauptteil seiner Präsentation, ist im angekündigten Zeitrahmen und dennoch verlassen die ersten Zuhörer die Veranstaltung. Einerseits kann sich eine allgemeine Unruhe entwickeln und andererseits könnte es den Referenten auf »komische« Gedanken bringen: »Ist mein Vortrag etwa nicht interessant genug?«, »Was soll das bedeuten?«, »Wie respektlos…!«

Es macht in der Wirkung sicher einen Unterschied, ob in einer Veranstaltung mit zweihundert Teilnehmern vier Zuhörer leise den Raum verlassen oder ob bei einem Vortrag mit fünfzehn Teilnehmern vier der Zuhörer aufstehen und gehen. Im besten Fall fällt es bei einer großen Veranstaltung gar nicht auf, es sei denn nach und nach verlassen immer mehr Menschen den Raum, sodass in der Schlussphase der Präsentation lediglich dreißig der zweihundert Zuhörer verbleiben. Der Referent könnte seine Beobachtung unkommentiert lassen und im Nachhinein klären, was die Hintergründe für das vorzeitige Verlassen der Zuhörer waren – es kann ja auch eine Nachricht gewesen sein, die eher eine übergeordnete Bedeutung hatte (z. B. eine überraschende und maßgebliche Veränderung in der Unternehmensführung). Der Referent kann auch innehalten und nachfragen, ob jemand aus dem Publikum wisse, was der Anlass für dieses Verhalten sei und entsprechend auf die veränderte Situation reagieren, indem er ggf. die Veranstaltung unterbricht oder sogar beendet.

Im kleinen Rahmen ist ein vorzeitiges und kommentarloses Verlassen einiger Teilnehmer ein einschneidender Punkt, der eine Wirkung auf alle noch Anwesenden haben wird. Der Referent sollte die Situation ansprechen und klären.

Gedanken/Interpretation/Bewertung	Beobachtungen/ Signale/Zeichen bei den Teilnehmern	Lösungsansätze/Tools
Vorzeitiges Auflösen	– Es verlassen nach und nach Teilnehmer den Raum – Es verlassen in einer kleineren Veranstaltung einige Teilnehmer den Raum	– Ggf. nachfragen, was der Anlass sein könnte – Innere Klarheit und Plan, wie es weitergehen wird – Ggf. die Veranstaltung unterbrechen oder beenden – Kurz mit dem Publikum klären, ob alles in Ordnung ist

> Sitzungsleiter unter-
> bricht, steht auf und mischt
> sich ein

Der Referent wird plötzlich inmitten seiner Ausführungen vom Sitzungsleiter, der auch sein Vorgesetzter ist, unterbrochen, indem dieser aufsteht und das Wort ergreift. Was auch immer Anlass und Ursache für dieses Verhalten ist, es wirkt erst einmal auf alle, sowohl auf den Referenten als auch auf das Publikum, respektlos und übergriffig. Es gibt sicher nicht »die beste« Verhaltensweise, um als Referent diese Situation souverän zu meistern. Eine mögliche Reaktion ist, den Vorgesetzten einzuladen, seinen Beitrag zu dem Thema zu leisten: Der Referent macht für den Sitzungsleiter mit einem Schritt zur Seite Platz und fragt ihn, wie viel Zeit er für seine Ergänzungen zu diesem Thema benötigen wird. Als Referent ist es in dieser Situation besonders wichtig, nicht in einen Konflikt mit dem anderen vor dem Publikum einzusteigen und mit ihm um den Platz »auf der Bühne« zu rivalisieren. Mit einer inneren Klarheit kann auch die Geste des »Platzmachens« mit den einladenden Worten: »…, um diesen besonders wichtigen Punkt noch um weitere Informationen und Hintergründe zu ergänzen« anmoderiert werden. So können beide Beteiligten in der Situation das Gesicht wahren und den Referenten souverän wirken lassen. Im Anschluss sollte trotzdem eine grundsätzliche Klärung erfolgen. Für zukünftige Präsentationen kann der 12-Punkte-Plan zur Auftragsklärung eine gute Möglichkeit sein, ein Eingreifen des Auftraggebers inmitten der Präsentation zu vermeiden.

Gedanken/Interpretation/Bewertung	Beobachtungen/Signale/Zeichen bei den Teilnehmern	Lösungsansätze/Tools
Sitzungsleiter unterbricht	Sitzungsleiter steht auf und übernimmt das Wort	– Durchatmen, bewusst einen Schritt zur Seite gehen – Einladende Geste – Kurz mit dem Sitzungsleiter klären, wie viel Zeit er benötigen wird – Im Anschluss Grundsätzliches klären – Auftragsklärung beachten

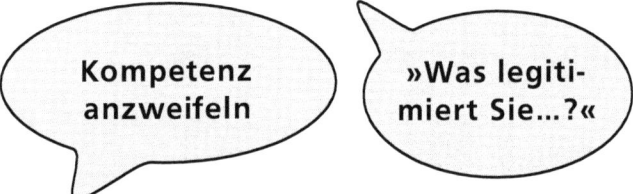

Wenn ein Zuhörer aus dem Publikum den Referenten kurz nach seinen Begrüßungsworten unterbricht und fragt, was ihn denn legitimiert, diesen Vortrag zu halten, sollte der Referent erst einmal innerlich kurz klären, ob er die Nachfrage als eine feindselige Äußerung ihm gegenüber empfindet oder sie als Frage aus Interesse anerkennen kann. Entsprechend der vorherrschenden Gedanken wird der Referent sicher unterschiedlich auf diese Frage reagieren. Bei dem Gedanken der Feindseligkeit kann es sein, dass ein »alter« Konflikt schwelt, der nun im Rahmen der Präsentation seine Fortsetzung findet. Unbenommen der Reaktion des Referenten sollte diese Einschätzung dazu führen, den vermeintlichen Konflikt im Anschluss zu klären. Bei dieser Nachfrage aus dem Publikum sollte die Antwort des Referenten möglichst neutral ausfallen. Das setzt jedoch voraus, dass der Referent seinen aufkeimenden Ärger kontrolliert, indem er sich innerlich die Perspektive schafft, sich im Anschluss mit diesem Teilnehmer auseinanderzusetzen.

Eine mögliche und neutrale Antwort auf diese »Kompetenzfrage« könnte sein: »Vielen Dank, dass Sie an dieser Stelle nachfragen. Ich werde gleich zu meiner Funktion und Rolle zu diesem Thema und zu meinem Auftrag überleiten. Denn es ist mir wichtig, dass Sie alle wissen, wer mich legitimiert hat und welche Kompetenzen mir zur Verfügung stehen, Ihnen dieses Thema zu vermitteln.« Jedoch ist auch hier wieder zu beachten, dass der Ton, die Mimik und das Gesagte in Übereinstimmung sein müssen, um entsprechend glaubwürdig und souverän zu wirken. Wenn in der Auftragsklärung diese Punkte geklärt wurden, ist es sicher für den Referenten leichter, auf diese Nachfrage auch neutral zu reagieren.

Gedanken/Interpretation/Bewertung	Beobachtungen/Signale/Zeichen bei den Teilnehmern	Lösungsansätze/Tools
Kompetenzfrage	»Was legitimiert Sie...«	– Durchatmen – Sich bewusst kurz innerlich klären – Perspektive schaffen – Ggf. im Anschluss den Konflikt klären – Frage neutral aufnehmen, beantworten und überleiten

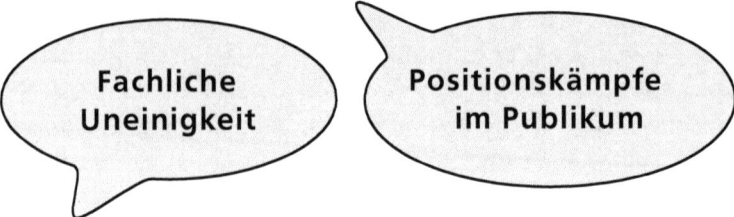

Das zu präsentierende Thema ist brisant und die Meinungen des Publikums sind konträr. Fachliche Aspekte werden unterschiedlich interpretiert und es kommt zwischen zwei Kontrahenten zu einem Positionskampf. In dieser Situation sollte der Referent seine Rolle und seine Funktion klären. Oftmals ist schon in der Vorbereitung und in der Kenntnis über die Zielgruppe abzusehen, dass sowohl engagierte Diskussionen geführt werden oder es Kontrahenten im Publikum gibt, deren Positionen gegensätzlich sind, da unterschiedliche Interessen vertreten werden. In der Vorbereitungsphase sollten diese Aspekte unbedingt berücksichtigt werden und ggf. die Positionen im Vorwege geklärt werden. Wenn das nicht erfolgt ist, bleibt dem Referenten in dieser Situation die Möglichkeit, sich aus der Rolle des Präsentierenden zu lösen, um als Moderator zu vermitteln. Der Moderator kann die Positionen noch einmal klar benennen und entscheiden, dass diese Veranstaltung nicht den Rahmen zur Klärung bieten kann. Zumeist wirken diese Worte auf alle im Publikum entlastend. Sollte die Präsentation zum Ziel haben, genau diese Positionen und die damit verbundenen Interessen zu klären, sprechen wir nicht mehr von einer Präsentation, sondern einer Moderation oder auch Mediation. Um diesen Auftrag zu übernehmen, sind die KDW-Fragen eine gute Möglichkeit, sich als Auftragnehmer im Vorwege als auch in der Situation selbst zu klären.

Gedanken/Interpre-tation/Bewertung	Beobachtungen/ Signale/Zeichen bei den Teilnehmern	Lösungsansätze/Tools
Positionskämpfe im Publikum	Fachliche Uneinig-keit	- Chef im Prozess blei-ben - Moderation statt Präsentation - Positionen anspre-chen und Interessen erfragen - KDW-Fragen - Auftragsklärung und Ziel beachten

Die **Rahmenbedingungen** für Präsentationen sind vor allem auch Gegenstand der Vorbereitung und Auftragsklärung. Bei aller Vorausschau des Referenten, sich auf sämtlich erdenkbaren Störungen vorbereitet zu haben, können trotzdem Situationen entstehen, die ihn vor eine besondere Herausforderung stellen.

Technik-probleme

Wenn Technikprobleme anstehen, handelt es sich häufig um einen defekten Beamer oder nicht kompatible Geräte, die für die visuelle Projektion der Präsentation benötigt werden. Die angeforderte Unterstützung des Fachpersonals beispielsweise in einem Hotel oder Kongresszentrum kann weder mit einem Ersatzbeamer noch mit weiteren Geräten aushelfen, sodass die eingeplante Technik für den Vortrag nicht zur Verfügung steht. Der Referent hat glücklicherweise seinen Vortrag in Papierform für die Teilnehmer vorbereitet, sodass es ihm möglich ist, die komplexen Sachverhalte seiner

Präsentation auch ohne die vorbereiteten Folien zu vermitteln. Zu Beginn sollte der Referent kurz auf die veränderte Situation eingehen: »Da wir hier im Hause gemeinsam alles versucht haben, die vorhandene Technik an den Start zu bekommen, es uns jedoch nicht gelungen ist, stehen uns zumindest die Unterlagen zur Verfügung, die ich Ihnen nun im Vorwege aushändigen werde. Ich hoffe, dass wir auch auf diesem Wege zu unserem Ziel gelangen werden.« Der Referent erläutert mit diesen Worten die neue Situation und zielt darauf ab, weder in der problematischen Situation zu verharren noch Mitleid des Publikums zu erwarten. Als Wirkung könnte daher ein professioneller und souveräner Umgang des Referenten mit der unvorhergesenen Situation bei den Teilnehmern entstehen. Wird der Referent inmitten seiner Präsentation plötzlich mit einem technischen Problem konfrontiert, wie etwa mit einem Stromausfall oder einem Computerabsturz, sollte er die Präsentation unterbrechen, die Situation klären und ggf. abbrechen. Das Publikum wird sicher mit Verständnis reagieren und dem Referenten seine Sympathien schenken. Der Umgang mit Technikproblemen wird stets für alle Anwesenden, wenn sie selbst in dieser Situation wären, als eine große Herausforderung an die eigene Professionalität und Souveränität empfunden.

Gedanken/Interpreta-tion/Bewertung	Beobachtungen/ Signale/Zeichen bei den Teilnehmern	Lösungsansätze/Tools
Technikprobleme	– Unruhe – Stöhnen – Gemurmel	– Chef im Prozess bleiben – Technikunabhängige Präsentationsunterlagen bereithalten – Ggf. Flipchart nutzen – ggf. kurz unterbrechen und die Situation klären – Die veränderte Situation ansprechen und proaktiv die Zuhörer einbeziehen

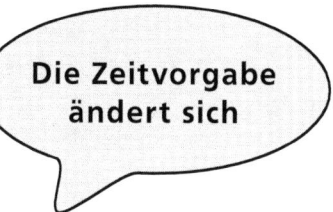

Die Zeitvorgabe ändert sich

Laut Auftrag hat sich der Referent darauf vorbereitet, dass er für seinen Vortrag dreißig Minuten Zeit hat. Er wird einer von fünf Referenten in dieser Vortragsreihe sein. Nachdem die ersten drei Vorträge und die Diskussionen den vorgesehenen Zeitrahmen weit überschritten haben, kommt nun der Auftraggeber zu dem Referenten und verkürzt seine Präsentationszeit um zehn Minuten. Der Referent ärgert sich über diese ungerechte Behandlung und fragt sich, wie er seinen Vortrag nun so spontan ändern kann, da ja alle vorbereiteten Inhalte logisch und nachvollziehbar dargestellt sind und auch aufeinander aufbauen. In dieser Situation sieht er nun keine andere Möglichkeit, als schnell durch die projizierten Folien zu gehen und den einen oder anderen dargestellten Inhalt zu übergehen. Insgesamt fühlt sich der Referent unter Zeitdruck, er spricht schneller und sein Blick kehrt häufig an die rückwärtige Wand, um entscheiden zu können, welche der Inhalte er auslassen kann. Auf das Publikum wirkt der Referent dadurch gehetzt und fahrig. Die fehlenden zehn Minuten haben den Referenten aus seinem Konzept und um die Wirkung der Souveränität und Glaubwürdigkeit gebracht. Auch erklärende Worte des Referenten zu Beginn, dass er nun nur noch zwanzig Minuten statt der angekündigten dreißig zur Verfügung habe, würden diesen Eindruck beim Publikum nicht unbedingt schmälern. Einzig der Auftraggeber könnte mit einer entsprechenden Ankündigung des veränderten Zeitrahmens die Erwartungshaltung der Zuhörer positiv beeinflussen.

Bei der Vorbereitung ist es empfehlenswert, die Inhalte und die Struktur in der Weise aufzubauen, dass die Präsentation auch in zwei Dritteln der vorgegeben Zeit für den Zuhörer nachvollziehbar ist. Ein Drittel sollten Inhalte sein, die der Referent als gesprochenes Wort hinzufügt wie beispielsweise Hintergrundinformationen, eigene Erfahrungen, Geschichten oder Anekdoten. Hier sprechen wir von Inhalten, die den Vortrag anreichern, jedoch nicht in seinem logischen Aufbau, seiner Struktur und der Zielsetzung maßgeblich beeinflussen.

Sollte die Zeitverkürzung so gravierend sein, dass der Referent befürchtet, dass er mit seinem Vortrag keine Chance hat, das gesetzte Ziel zu erreichen, kann er diese Einschätzung an den Auftraggeber zurückmelden und gemeinsam eine Entscheidung fällen. Ggf. sollte die Präsentation dann auf einen späteren Zeitpunkt vertagt werden.

Gedanken/ Interpretation/ Bewertung	Beobachtungen/ Signale/Zeichen bei den Teilnehmern	Lösungsansätze/Tools
Die Zeitvorgabe ändert sich	– Erschöpfung – Erstaunen – »Fragende Gesichter«	– Ankündigung der Veränderung dem Auftraggeber überlassen – Bei der Vorbereitung Struktur und Zeit beachten und ggf. die Folien mit »gesprochenen« Inhalten ergänzen – Einschätzung an den Auftraggeber zurückmelden – Ggf. den Vortrag verschieben – Wenn möglich, unkommentiert nicht bereits visualisierte Inhalte auslassen

Es gibt sicher noch viele weitere Beispiele im Bereich der Rahmenbedingungen, die unvorhergesehen passieren können. Trotz sorgsamer Vorbereitung wird es möglicherweise etwas geben, mit dem man als Referent nicht gerechnet hat. Aus jedem dieser Erlebnisse machen wir eine Erfahrung und eine Erkenntnis, die wir dann in unsere nächste Vorbereitung mit einbeziehen können. So können wir gerade aus den von uns empfundenen schwierigen Situationen besonders viel lernen und uns für zukünftige Präsentationen wappnen.

Souveränität als Wirkung auf das Publikum entsteht insbesondere bei dem Umgang mit schwierigen Situationen. Wir erleben in diesen Momenten in Präsentationen einen Menschen, der mit unvorhergesehenen und ungeplanten Ereignissen umzugehen hat. Inwieweit er dann authentisch und respektvoll mit sich selbst und dem Publikum agiert, ist ausschlaggebend für die professionelle und souveräne Gesamtwirkung und für das damit verbundene Selbstmarketing dieser Person.

LITERATUR

Amon, Ingrid, (^{5}2011), Die Macht der Stimme, Persönlichkeit durch Klang, Volumen und Dynamik, Frankfurt: Ueberreuter.

Bestmann, Karen, Leyer, Babette, (^{2}2012), Servicequalität mit System, Eine Servicephilosophie praktisch entwickeln, Kiel: Ludwig.

Bischop, Dieter (2010), Coachen und Führen mit System, Als Führungskraft, Coach und Mediator systematisch Wirkung erzielen, Kiel: Ludwig.

Borstnar, Nils, Köhrmann, Gesa (^{3}2011), Selbstmanagement mit System, Das Leben proaktiv gestalten, Kiel: Ludwig.

Borstnar, Nils, Pabst, Eckhard, Wulff, Hans Jürgen (^{2}2008), Einführung in die Film- und Fernsehwissenschaft, Konstanz: UVK/UTB.

Drucker, Peter Ferdinand (1998), Die Praxis des Managements, Düsseldorf: Econ.

Edmüller, Andreas, Wilhelm, Thomas (2003), Überzeugen, Die besten Strategien, München: Haufe.

Edmüller, Andreas, Wilhelm, Thomas (2011), Argumentieren, München: Haufe.

Frenzel, Karolina, Müller, Michael, Sottong, Hermann (2004), Storytelling, Das Harun-al-Raschid-Prinzip, Die Kraft des Erzählens fürs Unternehmen nutzen, München: Hanser

Gallo, Carmine (2011), Überzeugen wie Steve Jobs, Das Erfolgsgeheimnis seiner Präsentationen, München: Ariston.

Goffman, Erving, Wir alle spielen Theater [1959] (2010), Die Selbstdarstellung im Alltag, München: Piper.

Kellner, Hedwig (2000), Konferenzen, Sitzungen, Workshops effizient gestalten, München: Hanser.

Kellner, Hedwig (2000), Reden, Zeigen, Überzeugen, Von der Kunst der gelungenen Präsentation, München: Hanser.

Knieß, Michael (2006), Kreativitätstechniken, Methoden und Übungen, München: dtv.

Krieger, Paul, Hantschel, Hans-Jürgen (2000), Handbuch Rhetorik, Reden, Gespräche, Konferenzen, Niedernhausen: Falken.

Lipp, Ulrich, Will, Hermann (2004), Das große Workshopbuch, Konzeption, Inszenierung und Moderation von Klausuren, Besprechungen und Seminaren, Weinheim: Beltz.

Martin, Günter (2008), Vorträge und Präsentationen mit PowerPoint, Ein Step-by-Step-Training mit 230 Tipps, Offenbach: Gabal.

Seifert, Josef W. (2001), Visualisieren, Präsentieren, Moderieren, Offenbach: Gabal.

Will, Hermann (2001), Mini-Handbuch Vortrag und Präsentation, Für Ihren nächsten Auftritt vor Publikum, Weinheim: Beltz.

Willems, Herbert, Kautt, York (2003), Theatralität der Werbung, Theorie und Analyse massenmedialer Wirklichkeit, Berlin: De Gruyter.

Zimbardo, Philip G., (⁶1995), Psychologie, Berlin/New York: Springer.

DIE AUTOREN

Karen Bestmann, Jahrgang 1962, ist seit 2000 Geschäftsführerin der Bestmann + Schmidt GmbH Consulting und Training. Sie ist Mediatorin, Coach, Beraterin, Verhaltenstrainerin und Personalentwicklerin. Ihre Arbeitsschwerpunkte liegen in den Bereichen Führung, Teamentwicklung, Konfliktmanagement, Servicequalität, der Konzeption und Umsetzung von Qualifizierungskonzepten und der Persönlichkeitsentwicklung. www.bestmannundschmidt.de

Dr. Nils Borstnar, Jahrgang 1966, ist seit 2000 Personalentwickler, Trainer und Coach. Seine Arbeitsschwerpunkte liegen in den Bereichen Führung, Selbstmanagement, Qualitätsmanagement, Kommunikation sowie Personalmanagement und Persönlichkeitsentwicklung. Des Weiteren ist er Dozent an verschiedenen Hochschulen und Akademien. Er publiziert Bücher zu Personalentwicklung, Methodenkompetenzen und Kommunikation. www.borstnar-kommunikation.de

P R A X I S & E R F O L G

Nils Borstnar / Gesa Köhrmann

Selbstmanagement mit System

Das Leben proaktiv gestalten
Praxis & Erfolg, Band 1

256 Seiten, 58 Grafiken und 61 S/W-Illustr., Broschur,
ISBN 978-3-933598-78-3, € 18,90

Karen Bestmann / Babette Leyer

Servicequalität mit System

Eine Servicephilosophie praktisch entwickeln
Praxis & Erfolg, Band 2

192 Seiten, 49 Grafiken und 13 S/W-Illustr., Broschur,
ISBN 978-3-933598-79-0, € 15,90

Martin H.W. Möllers

Business-Knigge

Internationales Lexikon
des guten Benehmens
Praxis & Erfolg, Band 3

264 Seiten, Broschur,
ISBN 978-3-937719-06-1, € 19,90

P R A X I S & E R F O L G

Martin H.W. Möllers
Vermögensaufbau und Altersvorsorge
Lexikon zur finanziellen Freiheit
Praxis & Erfolg, Band 5

256 Seiten, Broschur,
ISBN 978-3-937719-32-0, € 19,90

Anja Müller / Dorothee Schönheid
Neue Chancen durch Teilzeitarbeit
Ein Ratgeber mit Erfahrungsberichten
Praxis & Erfolg, Band 6

200 Seiten, Broschur,
ISBN 978-3-937719-48-1, € 19,90

Dieter Bischop
Coachen und Führen mit System
Als Führungskraft, Coach und Mediator
systematisch Wirkung erzielen
Praxis & Erfolg, Band 7

288 Seiten, 140 S/W-Abb., Broschur,
ISBN 78-3-86935-009-7, € 22,80